国家中等职业教育改革发展示范学校建设成果

# 办公软件项目教程

卢仲贵　包之明　主编

科学出版社

北京

# 内 容 简 介

全书分为四部分，共17个项目，主要包括Word 2010、Excel 2010、PowerPoint 2010的基础知识和实际应用以及计算机等级考试辅导内容。全书通过简单明了的语言和基于工作过程的实例，采用任务驱动的方式，由浅入深介绍了Word、Excel、PowerPoint在现代企业办公的应用；同时结合了计算机等级考试内容，精心挑选实训项目。

本书可作为中等职业学校及各类计算机培训的教材，也可作为不同层次的办公人员学习计算机基础知识的自学教材，还可作为计算机等级考试的培训教材。

**图书在版编目（CIP）数据**

办公软件项目教程 / 卢仲贵，包之明主编 . —北京：科学出版社，2015
（国家中等职业教育改革发展示范学校建设成果）
ISBN 978-7-03-044236-9

Ⅰ.①办… Ⅱ.①卢… ②包… Ⅲ.①办公自动化-应用软件-中等专业学校-教材 Ⅳ.①TP317.1

中国版本图书馆CIP数据核字（2015）第093642号

责任编辑：陈晓萍／责任校对：王万红
责任印制：吕春珉／封面设计：鑫联必升

科学出版社 出版
北京东黄城根北街16号
邮政编码：100717
http://www.sciencep.com

北京京华虎彩印刷有限公司 印刷
科学出版社发行　　各地新华书店经销
*
2015年5月第 一 版　　开本：787×1092　1/16
2015年5月第一次印刷　　印张：14 1/2
字数：330 000
定价：42.00元
（如有印装质量问题，我社负责调换〈京华虎彩〉）
销售部电话 010-62134988　编辑部电话 010-62135763-2009

# 国家中等职业教育改革发展示范学校建设成果
# 教材编审委员会

# 《办公软件项目教程》
# 编写小组

# 前　言

在信息技术飞速发展的今天，计算机的应用几乎渗透到社会的各个领域，它为中职计算机专业的发展提供了良好的机遇。随着计算机的不断普及，信息化社会的来临，现代办公进入了一个新的层次，信息技术在办公方面的优势得到了充分的体现。

本书是贵港市职业教育中心计算机应用专业建设的教改教材之一。本书在对从事计算机应用专业的岗位群进行典型工作任务分析和职业能力分析的基础上，突出职业技能与职业素养同修的特点，以典型工作任务为载体，项目由浅至深，符合职业学校学生的理解能力和接受能力。

本书按照全国计算机等级考试大纲要求进行编写。全书分为四部分，共 17 个项目，主要包括 Word 2010、Excel 2010、PowerPoint 2010 的基础知识和实际应用以及计算机等级考试辅导内容。每个项目由学习目标、项目描述、项目分析、效果展示、项目实施、项目总结、项目评价等环节组成。每个项目中间，配以小技巧和知识链接，旨在构建更完整的知识体系，让学生学习与本项目相关的知识点。在项目后面，补充了一些巩固练习，进一步巩固所学知识，同时训练学生的操作能力。本书的具体学时建议详见授课学时分配表 1。

**表 1　授课学时分配**

| 内　容 | 项　目 | 参考学时 | 学时 |
|---|---|---|---|
| Word 2010 文字处理 | 项目 1-1　企业产品说明书 | 4 | 44 |
| | 项目 1-2　产品推广策划 | 4 | |
| | 项目 1-3　企业简介展板 | 4 | |
| | 项目 1-4　海报制作 | 4 | |
| | 项目 1-5　公司员工履历表制作 | 4 | |
| | 项目 1-6　工程预算表制作 | 4 | |
| | 项目 1-7　邀请函制作 | 4 | |
| | 项目 1-8　长篇文档编排 | 6 | |
| | Word 2010 综合实训 | 10 | |

续表

| 内　　容 | 项　　目 | 参考学时 | 学时 |
|---|---|---|---|
| Excel 2010 电子表格处理 | 项目 2-1　员工信息表制作 | 4 | 34 |
| | 项目 2-2　元旦节目单制作 | 4 | |
| | 项目 2-3　产品销售额统计表制作 | 4 | |
| | 项目 2-4　员工工资表制作 | 4 | |
| | 项目 2-5　产品销售情况分析表制作 | 4 | |
| | 项目 2-6　销售业绩图表制作 | 4 | |
| | Excel 2010 综合实训 | 10 | |
| PowerPoint 2010 演示文稿 | 项目 3-1　产品展示制作 | 6 | 26 |
| | 项目 3-2　制作 OA 系统 | 6 | |
| | 项目 3-3　制作设计方案展示 | 4 | |
| | PowerPoint 2010 综合实训 | 10 | |
| 全国计算机等级考试一级模拟试题 | 全国计算机等级考试一级模拟试题 | 4 | 4 |
| 总学时 | | 108 | |

　　本书可提供每个项目所使用素材和效果图，并有配套的教案和教学课件，欢迎广大读者从科学出版社网站（www.abook.cn）下载，或向本书责编索取（cxp666@yeah.net）。

　　本书由卢仲贵和包之明担任主编，梁国英、覃祖能、梁协愉、梁晓晓、谢端、罗乃侃、刘智妮、黄晓敏、陈文俦、封超、徐海兰、潘声堆、杨小燕等参与了本书的编写工作。其中，覃祖能负责编写项目 1-1、项目 1-5～项目 1-8 及 Word 2010 综合实训；梁晓晓负责编写项目 1-2～项目 1-4；梁协愉负责编写第 2 篇的所有项目及 Excel 2010 综合实训；梁国英负责编写第 3 篇的所有项目及 PowerPoint 2010 综合实训；谢端负责编写计算机等级考试模拟试题。本书的项目 1-8、项目 3-2 的素材由广西金中软件有限公司提供。在编写本书的过程中，我们得到了各位专家、同行的诚恳指教，在此一并表示感谢。

　　由于编者学识有限，时间仓促，教材中难免有疏漏，敬请广大读者和专家提出宝贵意见。

# 目　录

## 第 2 篇　Excel 2010 电子表格处理

## 第 3 篇　PowerPoint 2010 演示文稿

Word 2010 是运行于 Windows 环境下的文字处理软件，具有文件管理、文字编辑、版面设计、表格处理、图形处理等多项功能，利用该软件可以创建出美观大方、符合用户要求的文稿，是目前功能较强、颇为流行的文字处理软件之一。

本模块将通过制作企业产品说明书、产品推广策划、企业简介展板、海报制作、公司员工履历表制作、工程预算表制作、邀请函制作、长篇文档编排，共八个项目的学习，帮助读者掌握 Word 2010 文档创建的基本知识，文档的编排技巧，并将 Word 应用于实际生活与工作中。

## 项目设置

| 项目名称 | 项目知识要点 | 参考学时 |
| --- | --- | --- |
| 项目 1-1 企业产品说明书 | 创建文档，文本录入、文本编辑，项目符号和编号的使用、插入日期，保存并退出文档 | 4 |
| 项目 1-2 产品推广策划 | 设置文本格式、段落格式、页面设置、插入页眉和页脚 | 4 |
| 项目 1-3 企业简介展板 | 文档排版设计、分栏设置、图文混排、打印设置 | 4 |
| 项目 1-4 海报制作 | 页面布局设置、插入文本框、自选图形、艺术字、边框和底纹等美化文档 | 4 |
| 项目 1-5 公司员工履历表制作 | 表格绘制、编辑和修改表格、表格结构调整、单元格格式设置 | 4 |
| 项目 1-6 工程预算表制作 | 插入对象文本、文本转换为表格、表格数据计算 | 4 |
| 项目 1-7 邀请函制作 | 自定义纸张、美化文档、创建数据源文档、邮件合并 | 4 |
| 项目 1-8 长篇文档编排 | 建立样式、给标题自动编号、创建目录、更新目录 | 6 |
| Word 2010 综合实训 | 文本格式、段落格式的设置；编辑排版、图文混排、页眉和页脚的设置；表格的制作、编辑及计算操作 | 10 |

# 企业产品说明书

**学习目标** ☞

### 知识目标

- 了解 Word 2010 的工作界面。
- 掌握 Word 文档的创建、保存和打开的方法。
- 了解项目符号及编号的意义及应用。

### 技能目标

- 懂得创建、保存和打开 Word 文档。
- 能根据需要调整不同的输入法并录入文本。
- 懂得检查并修改、编辑文本。
- 能根据需要插入项目符号或编号。

### 情感目标

- 激发学习兴趣，培养良好的工作态度。
- 培养学生自主学习、自主探究的习惯。

**项目描述** ☞

　　某公司研发出一款新式手写板，为了更好地推广该产品，打开市场，公司营销部门编写了一份产品使用说明书，打算上传到网络，以便让更多的人了解该手写板，引起购买欲望。现在就用文字处理软件 Word 2010 来制作这份使用说明书。

**项目分析** ☞

（1）启动 Word 2010 应用程序，创建 Word 空白文档。

（2）输入文档内容。

（3）编辑文本。

（4）添加项目符号和编号。

（5）保存并退出文档。

**效果展示** ☞ ■

　　项目完成效果见图 1-1-1。

**手写板使用说明书**

一、产品部件

　　手写板包括：电脑手写板一块，安装盘一张，说明书一份，手写笔一支。

二、产品功能简介

◆　手写识别功能：

1)　可识别连笔手写文字；

2)　可自动识别连续多字书写；

3)　可显示五彩文字；

4)　可提供语音校正；

5)　可识别非正规笔顺的汉字书写。

◆　新增功能：

1)　改进的毛笔、钢笔文字，令书写过程成为享受；

2)　用控制键轻松修改多字连续输入时的错误结果；

3)　可模仿鼠标单击左键、双击、单击右键、拖动；

4)　简单易用的签名功能，使你的文字闪闪生辉。

三、系统需求

◆　主机：

Pentium 133 以上，16MB 以上内存，60MB 以上空闲硬盘空间。

一个 USB 接口，一个光盘驱动器

◆　操作系统：

Windows98/Windows ME，Windows2000/Windows XP/Windows Vista。

四、手写笔硬件使用

　　手写笔由一块写字板和一支专用写字笔组成，板中方型区域为有效的写字区。

五、注意事项

❖　本产品使用时应平放在电脑台上，摆放端正；

❖　请注意手写板应摆放在不易滑落的位置，以免不慎从电脑台上掉下来而损坏；

❖　不要将手写板放置于温度较高的环境中或者直接在阳光下曝晒；

❖　避免在手写板上放置重物，以免压坏；

❖　不要用力拉扯手写笔的连线部分；

❖　不用时应将专用写字笔搁置在写字板的旁边。注意不要随处摆放专用的写字笔，以免丢失。

二〇一五年一月十二日

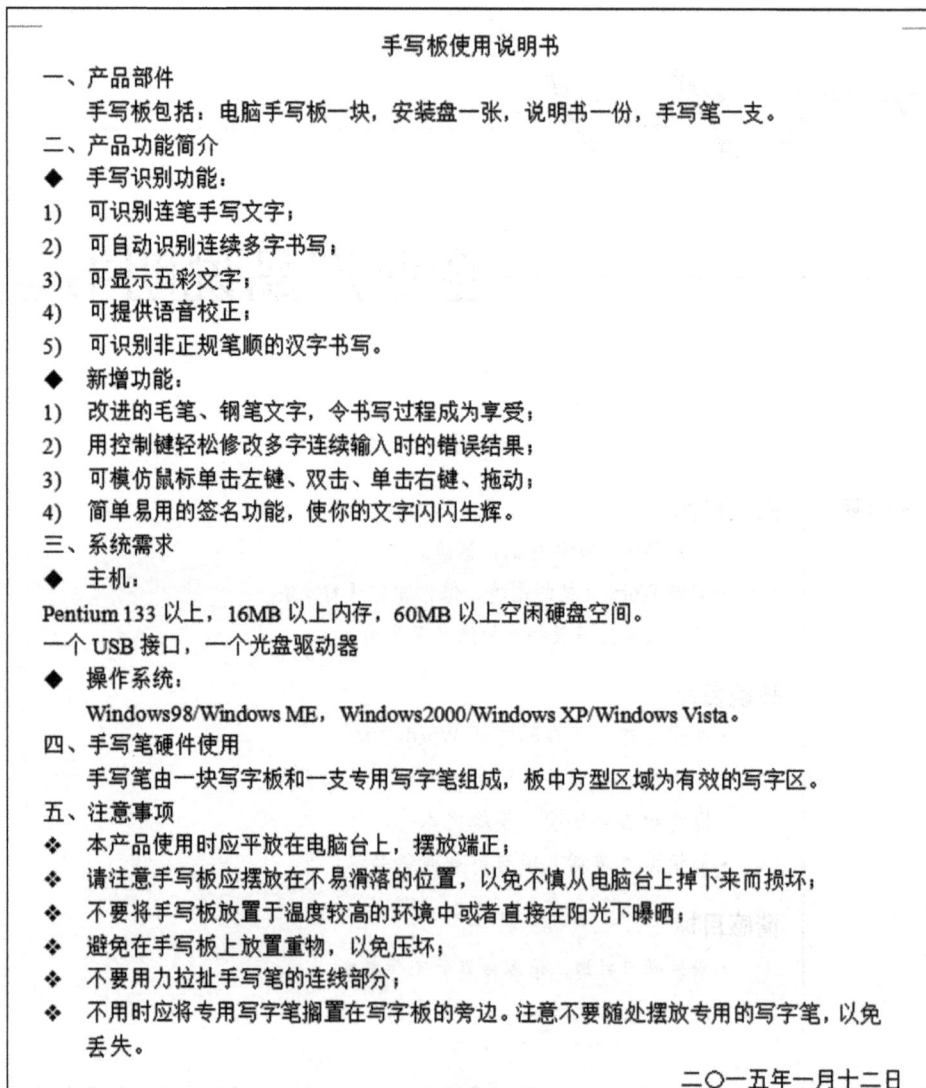

图 1-1-1　手写板使用说明书样图[①]

项目资源所在位置：\ 办公软件项目教程 \ 项目 1-1。

---

① 引自：http://wenku.baidu.com/view/66f9ba25aaea998fcc220e29.html；http://wenku.baidu.com/view/0c5c39345a8102d276a22f44.html

## 任务 1　创建 Word 文档

【任务实施】

步骤 1　启动 Word 2010 应用程序，新建一个空白文档。

启动 Word 2010 后，系统会自动创建一个默认文件名为"文档 1"的 Word 文档，其工作界面如图 1-1-2 所示。

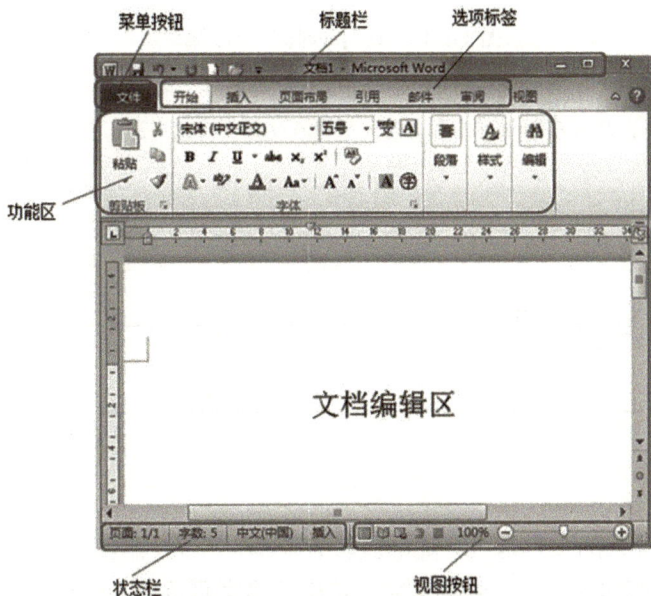

图 1-1-2　Word 2010 工作界面

步骤 2　打开汉字输入法。单击右下角的语言栏输入法指示按钮，选择自己熟悉的汉字输入法，如图 1-1-3 所示。

步骤 3　录入文本。每段开头按空格键空出两个汉字位置。每行结束，Word 会自动将插入点跳转到下一行行首；每段结束，则需按 Enter 键转到下一段开始。

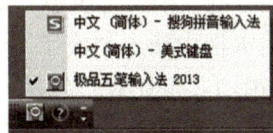

图 1-1-3　输入法转换对话框

步骤 4　插入日期。将光标移到文本结尾处，按 Enter 键另起一行，在"插入"选项卡的"文本"组中，单击"日期和时间"按钮，打开"日期和时间"对话框，选择中文格式中的"二〇一五年一月十二日"，最后单击"确定"按钮，如图 1-1-4 所示。

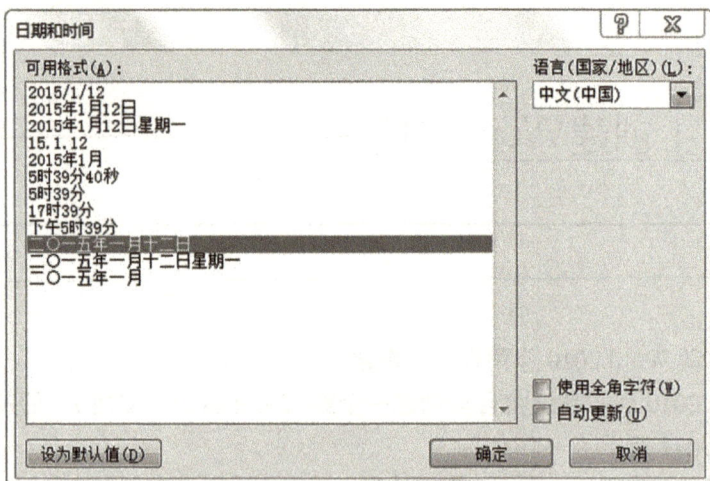

图 1-1-4 "日期和时间"对话框

在用五笔输入时，尽可能地使用词组输入，这样不仅能加快速度，而且能减少差错。

# 任务2 编辑文档

## 【任务实施】

步骤1 检查录入的文本是否有疏漏。若有疏漏，在插入模式下，将光标定位于文档中的相应位置，直接输入内容。若有错字，选中该错字直接按 Delete 键或退格键删除。

步骤2 将文中的"文字"替换为"笔迹"。光标移至文本任意位置，在"开始"选项卡的"编辑"组中，单击"替换"按钮，打开"查找和替换"对话框，在"查找内容"文本框中输入"文字"，在"替换为"文本框中输入"笔迹"，单击"全部替换"按钮，如图 1-1-5 所示。

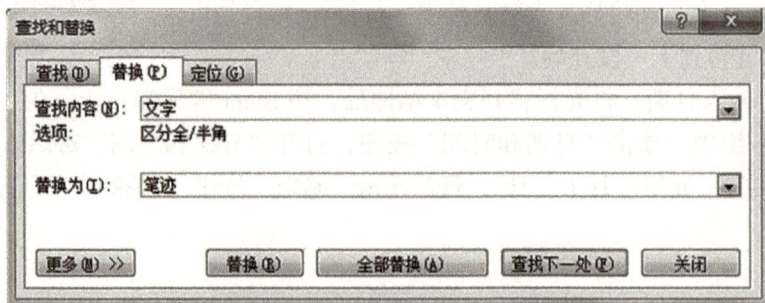

图 1-1-5 "查找和替换"对话框

**步骤 3** 给"手写识别功能"和"新增功能"添加数字编号。选取对应文本，在"开始"选项卡的"段落"组中单击"编号"的下拉按钮，选取所需编号即可。

**步骤 4** 给最后六行插入项目符号。选取最后六行文本，在"开始"选项卡的"段落"组中，单击"项目符号"的下拉按钮，选取所需的项目符号即可。

## 任务 3 保存与退出文档

### 【任务实施】

**步骤 1** 以"手写板使用说明书"为文件名保存文档。执行"文件"—"保存"菜单命令，打开"另存为"对话框，选择要保存的目标文件夹，在"文件名"文本框中输入"手写板使用说明书"，在"保存类型"中选择"Word 文档"，如图 1-1-6 所示，单击"保存"按钮。

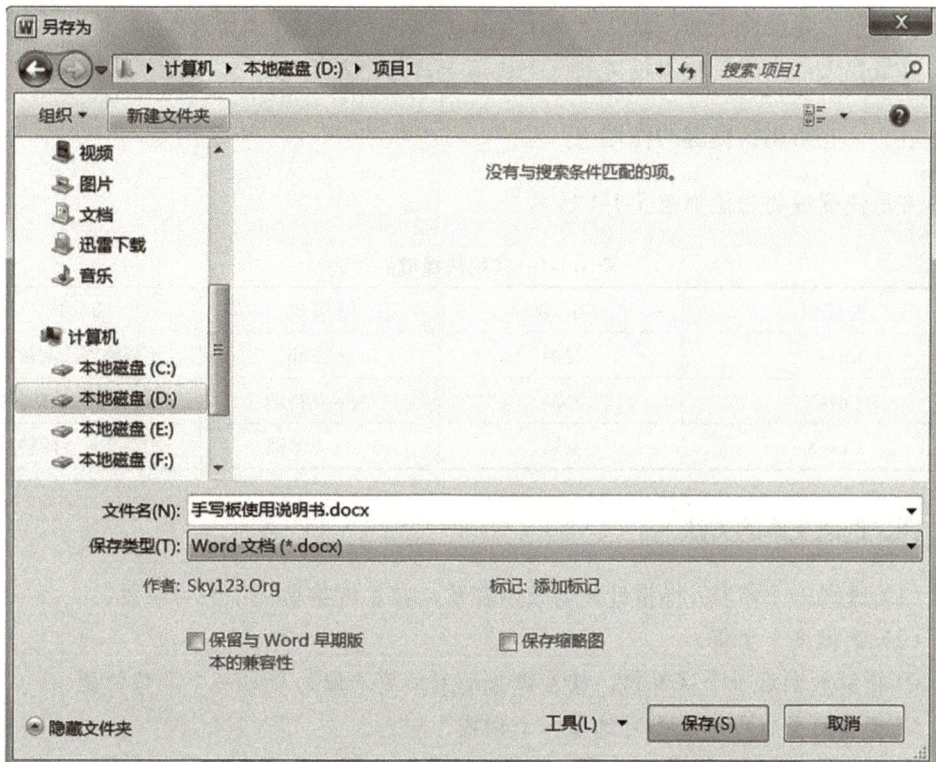

图 1-1-6 "另存为"对话框

**步骤 2** 退出 Word 2010。单击标题栏右边的关闭按钮或选择"文件"选项卡中的"退出"命令，即可退出 Word 2010 应用程序。

小技巧

任何文档在第一次保存时一定要给文档设定好路径，以便系统能快速找到该文档。

在保存文档时需要注意三个方面：保存位置、文件名、文档类型，以免以后使用该文档时找不到。

在文档操作过程中，应养成随时保存文档的习惯，以免系统出现故障而造成损失。

## 【知识链接】

### 一、启动 Word 常用方法

**1. 利用桌面 Word 快捷方式启动法**

直接双击桌面 Word 快捷方式图标，即可启动。

**2. 利用"开始"菜单启动法**

单击"开始"菜单，选择"所有程序"—"Microsoft Office"—"Microsoft Word 2010"命令。

### 二、Word 2010 工作界面

Word 2010 工作界面主要由标题栏、功能区、文档编辑区和状态栏等部分组成，功能区位于标题栏的下方，默认情况下包含"文件"、"开始"、"插入"、"页面布局"、"引用"、"邮件"、"审阅"和"视图"八个选项卡，单击某个选项卡可将它展开。

### 三、一些常用快捷键的作用

常用快捷键的功能如表 1-1-1 所示。

表 1-1-1　常用快捷键的功能

| 快捷键 | 功　能 | 快捷键 | 功　能 |
|--------|--------|--------|--------|
| Ctrl+C | 复制 | Ctrl+Shift | 不同输入法的转换 |
| Ctrl+V | 粘贴 | Ctrl+ 空格键 | 中英文输入法的转换 |
| Ctrl+X | 剪贴 | Ctrl+ 点号键 | 中英文标点的转换 |

### 四、选取文本的方法

（1）选取一个字符：将指针放到该字符前，按左键拖动一个字符位置。

（2）选取多个字符。

① 指针放到第一个字符前，按左键拖动到所要选取的最后一个字符位置。

② 把指针放在段中双击可选取一个词或一句。

③ 三击可选取一段。

（3）选取一行或多行字符。

① 在行的左边单击一下，可选取一行。

② 双击可选取一段。

（4）选取矩形文本区：按住 Alt 键，同时拖动鼠标。

（5）选取全部文档。

① 文档左边界单击三下可选取全文。

② 单击"编辑"组中"选择"项下的"全选"命令。

（6）选取多页文本：先在文本的开始处单击一下，然后按住 Shift 键，并单击所选文本的结尾处。

（7）撤销选取的文本：在选取文本外的任意地方单击鼠标即可。

**五、Word 文档的命名**

在保存 Word 文档时，要在"文件名"框中输入文件名，在"保存类型"框中选择文档类型，否则 Word 文档将自动以输入的第一行文本为文件名，扩展名为 .docx 来保存。

## 项目总结

本项目是利用 Word 文档来制作企业产品使用说明书，项目分三个任务：创建文档、编辑文档、保存与退出文档。其中包括了文档的创建、保存与退出，文本录入，查找字符、插入字符、替换字符，插入项目符号与编号、日期等操作。项目的选择适合中职生入门学习 Word 文字处理软件基础，又与企业典型工作任务关联，具有代表性。

通过这三个任务，初步介绍了利用 Word 创建文档的基本操作与文本录入方法，大家学会了不同输入法的转换，中英文标点符号切换，懂得了选取文本、查找或替换文本的方法，提高操作的熟练程度。通过这三个任务的学习，为今后的学习打下一个坚实的基础。

## 项目评价

### 项目评价表

| 项目名称 | | | | |
|---|---|---|---|---|
| 项目人员 | | | | |
| 评价项目 | 评价内容 | 学生自评 | 小组互评 | 教师评价 |
| 知识 | 了解创建文档的基本方法 | | | |
| | 掌握文本录入与编辑的方法 | | | |
| | 理解项目符号与编号的作用 | | | |
| | 掌握文档保存与退出的方法 | | | |

续表

| 评价项目 | 评价内容 | 学生自评 | 小组互评 | 教师评价 |
|---|---|---|---|---|
| 技能 | 能熟练进行文本录入与编辑 | | | |
| | 能熟练操作不同输入法之间的转换 | | | |
| | 能独立完成 Word 基本文档的创建与保存 | | | |
| 情感态度 | 能自主学习，探究项目解决方法 | | | |
| | 能运用本项目知识解决实际问题 | | | |
| | 能与同学合作交流，分享学习成果 | | | |
| 总评 | | | | |

备注：学生自评、小组互评、教师评价的评价标准：A．优秀　B．良好　C．及格　D．不及格
　　　总评指教师对学生小组成员整体的评价，或是教学反思，采用评语方式。

## 拓展练习

完成本项目的三个任务后，大家初步掌握了用 Word 2010 进行文字处理的基本步骤与方法。下面通过练习，进一步巩固文档创建的基本操作，提高文本录入速度。

### 练习一　文本录入练习

练习一的效果图如图 1-1-7 所示。

- ● IE 修复工具(支持系统修复功能)介绍：
唯一针对 Ghost 系统、病毒、木马、恶意软件操作行为预防 + 修复 + 免疫的修复工具！"IE 修复工具"将是你用过最强的修复工具。恢复被恶意程序篡改的 IE 浏览器主页，对付一些顽固恶意程序简单、有效。
说明：如果您的 IE 浏览器主页在重启电脑后又被修改，那可能是由于电脑存在病毒所致，建议您使用专业杀毒软件查杀后再进行还原，此 IE 修复工具主要对 internet explorer 和 windows 进行修复。
清理操作有如下四个选项：
1. internet explorer 修复：包括预防，修复和免疫
2. windows 修复
3. internet explorer 清理
4. windows 清理
- ● 最好的广告拦截软件
傲游 [Maxthon] 浏览器，是一款基于 IE 内核的、多功能、个性化多页面浏览器。它允许在同一窗口内打开任意多个页面，减少浏览器对系统资源的占用率，提高网上冲浪的效率。同时它又能有效防止恶意插件，阻止各种弹出式，浮动式广告，加强网上浏览的安全。Maxthon 支持各种外挂工具及 IE 插件，使你在 Maxthon 中可以充分利用所有的网上资源，享受上网冲浪的乐趣。
多页面浏览界面 鼠标手势 超级拖拽 隐私保护 广告猎手 RSS 阅读器 IE 扩展插件支持 外部工具栏 自定义皮肤 还有更多等您去发现……

图 1-1-7　练习一效果图

步骤提示：
（1）启动 Word 创建新文档。
（2）参照图样输入文本。
（3）保存并退出 Word 文档。

**练习二　创建"广告公司工作原则"文档**

练习二的效果图如图 1-1-8 所示。

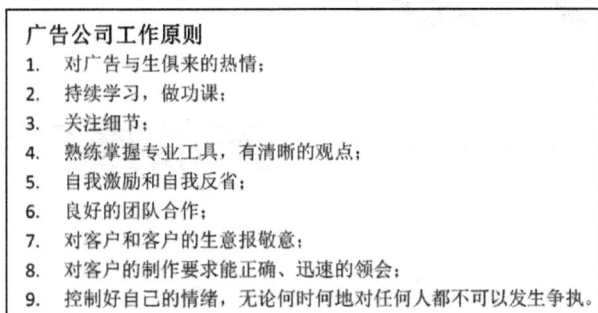

广告公司工作原则

1.　对广告与生俱来的热情；
2.　持续学习，做功课；
3.　关注细节；
4.　熟练掌握专业工具，有清晰的观点；
5.　自我激励和自我反省；
6.　良好的团队合作；
7.　对客户和客户的生意报敬意；
8.　对客户的制作要求能正确、迅速的领会；
9.　控制好自己的情绪，无论何时何地对任何人都不可以发生争执。

图 1-1-8　练习二效果图

步骤提示：

（1）启动 Word 并输入文本。

（2）给每行添加项目编号。

（3）保存并退出 Word 文档。

## 项目 *1-2*

# 产品推广策划

**学习目标** ☞

**知识目标**

- 学会通过工具栏或菜单进行排版操作。
- 掌握文本及段落格式设置的方法。
- 掌握文字、段落的边框和底纹的设置方法。
- 学会页眉和页脚的插入方法。
- 掌握页面设置的方法。

**技能目标**

- 能熟练进行格式化文档。
- 能根据需要设置文本的边框和底纹。
- 能熟练进行页面设置。

**情感目标**

- 培养学生理解文本排版的作用和意义。
- 让学生了解文本排版在产品推广中的应用。

**项目描述** ☞

　　捷通是国内知名的短信群发平台之一，在群发行业以速度快、价格低、服务优著称。最近，捷通公司刚拟了一份推广方案，想要对方案进行排版。通过字体和段落等一系列排版操作，达到简洁美观的效果。本项目就是用 Word 完成捷通公司这个任务。

**项目分析** ☞

　　（1）创建文档，设置页面格式。

　　（2）设置文本格式。

　　（3）设置段落格式。

　　（4）设置文本的边框和底纹。

　　（5）添加页眉和页脚。

**效果展示** ☞

　　项目完成效果见图 1-2-1。

## 捷通短信群发平台推广

手机短信作为"第五媒体"的地位，已经得到广泛的认同，与传统大众媒体具有相通、相似、相近的共同之处，拥有庞大的受众群体。对于广告主而言，手机短信息广告媒体具有不可替代的信息传播优势。

### 信息传播优势

**优势 1：** 100%到达率

**优势 2：** 短信平台全面覆盖，移动、联通、小灵通号码均可发送。

**优势 3：** 短信平台可群发图文信息。

**优势 4：** 发送速度快，50～100 条/秒。

**优势 5：** 性能稳定，具有各种个性化功能。

**优势 6：** 有各种二次开发接口。

**优势 7：** 短信平台操作简便，信息传递一键完成，直达各客户手机。

**优势 8：** 短信平台无需任何硬件，只需要一台能上网的电脑即可。

**优势 9：** 短信平台具备各地移动联通电信端口，使信息更快到达客户的手机。

### 短信群发在市场推广中的重要作用

**作用 1：** 提升品牌形象

**作用 2：** 信息发布窗口

**作用 3：** 开拓理想市场

**作用 4：** 互动营销桥梁

**作用 5：** 提供多媒体信息

### 手机短信的行业应用范围

**企业办公：** 会议通知短信确认、短信日程提醒、公告订阅短信、招聘短信联系等。

**商品流通业：** 商场促销活动通知、会员管理、供应商管理等。

**物业管理公司：** 客户关怀、缴费通知短信、小区公告短信等。

**银行：** 企业对帐通知、内部信息沟通、外部信息交流、短信客户关怀、短信帐务变动通知等。

**证券：** 中签短信通知、实时解盘资讯短信、股评短信、股票买卖通知短信、实时解盘短信等。

**医院：** 短信挂号、住院病情通知、看病咨询短信、医院保健预约等；

**酒店：** 住宿信息、服务信息、客房信息。

**餐饮行业：** 促销打折优惠活动通知、VIP 客户管理、短信抽奖等。

### 服务方式

**自发短信：** 适用于会员或固定客户群体的单位，可有效保护会员及客户资源，日发送量不限，免费安装软件。

**代发短信：** 客户提供短信内容，我公司按客户需要发送，发送过程可监控。

### 联系方式

**全国咨询热线：** 400-666-8888

**在线企业 QQ：** 168168168

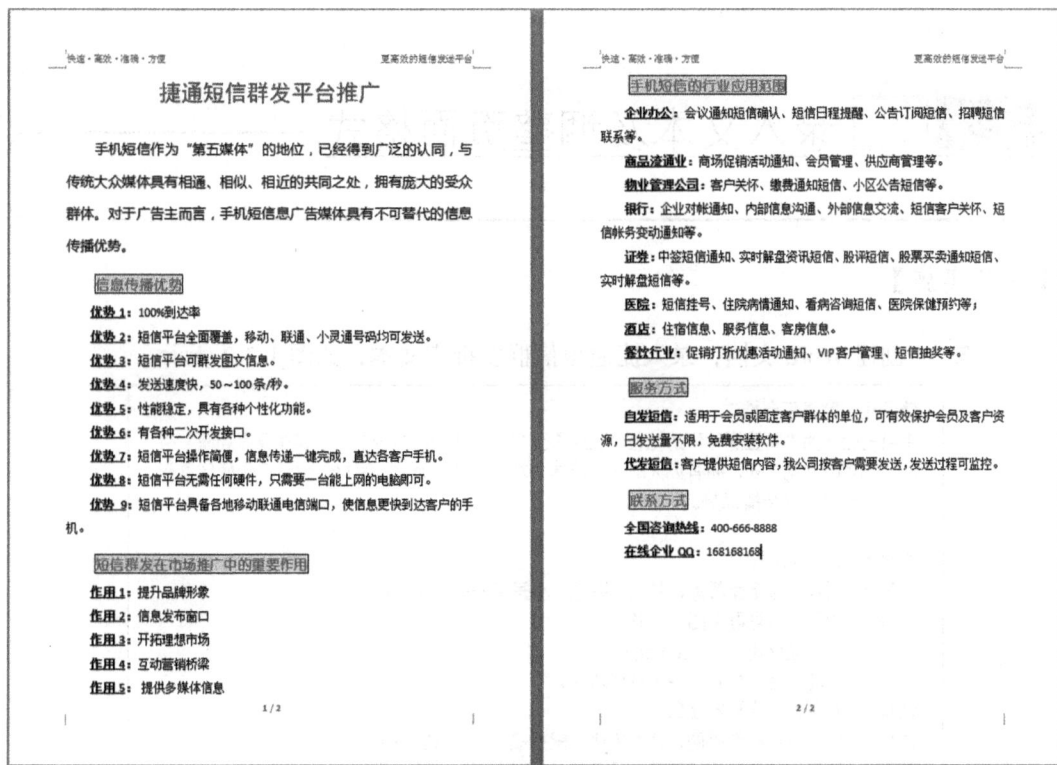

图 1-2-1　产品推广策划样图

项目资源所在位置：\办公软件项目教程\项目 1-2。

# 任务 1 录入文本及调整页面格式

## 【任务实施】

步骤 1  创建 Word 文档，录入捷通短信群发推广文本，如图 1-2-2 所示。

捷通短信群发平台推广

手机短信作为"第五媒体"的地位，已经得到广泛的认同，与传统大众媒体具有相通、相似、相近的共同之处，拥有庞大的受众群体。对于广告主而言，手机短信息广告媒体具有不可替代的信息传播优势。

信息传播优势

优势 1：100%到达率

优势 2：短信平台全面覆盖，移动、联通、小灵通号码均可发送。

优势 3：短信平台可群发图文信息。

优势 4：发送速度快，50~100 条/秒。

优势 5：性能稳定，具有各种个性化功能。

优势 6：有各种二次开发接口。

优势 7：短信平台操作简便，信息传递一键完成，直达各客户手机。

优势 8：短信平台无需任何硬件，只需要一台能上网的电脑即可。

优势 9：短信平台具备各地移动联通电信端口，使信息更快到达客户的手机。

短信群发在市场推广中的重要作用

作用 1：提升品牌形象

作用 2：信息发布窗口

作用 3：开拓理想市场

作用 4：互动营销桥梁

作用 5：  提供多媒体信息

手机短信的行业应用范围

企业办公：会议通知短信确认、短信日程提醒、公告订阅短信、招聘短信联系等。

商品流通业：商场促销活动通知、会员管理、供应商管理等。

物业管理公司：客户关怀、缴费通知短信、小区公告短信等。

银行：企业对帐通知、内部信息沟通、外部信息交流、短信客户关怀、短信帐务变动通知等。

证券：中签短信通知、实时解盘资讯短信、股评短信、股票买卖通知短信、实时解盘短信等。

医院：短信挂号、住院病情通知、看病咨询短信、医院保健预约等；

酒店：住宿信息、服务信息、客房信息。

餐饮行业：促销打折优惠活动通知、VIP 客户管理、短信抽奖等。

服务方式

自发短信：适用于会员或固定客户群体的单位，可有效保护会员及客户资源，日发送量不限，免费安装软件。

代发短信：客户提供短信内容，我公司按客户需要发送，发送过程可监控。

联系方式

全国咨询热线：400-666-8888

在线企业 QQ：168168168

图 1-2-2  录入文字

　　*步骤 2*　页面格式设置。在"页面布局"选项卡的"页面设置"组中，单击对话框启动器按钮，打开"页面设置"对话框。在"页边距"选项卡中，把纸张方向设置为"纵向"，上下左右的页边距都为 2 厘米，如图 1-2-3 所示。

　　*步骤 3*　在"纸张"选项卡中，把纸张大小设置为 16 开，如图 1-2-4 所示。

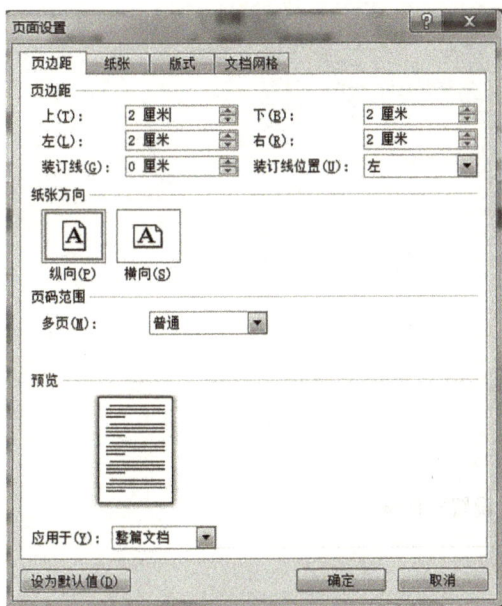

图 1-2-3　设置页边距及纸张方向

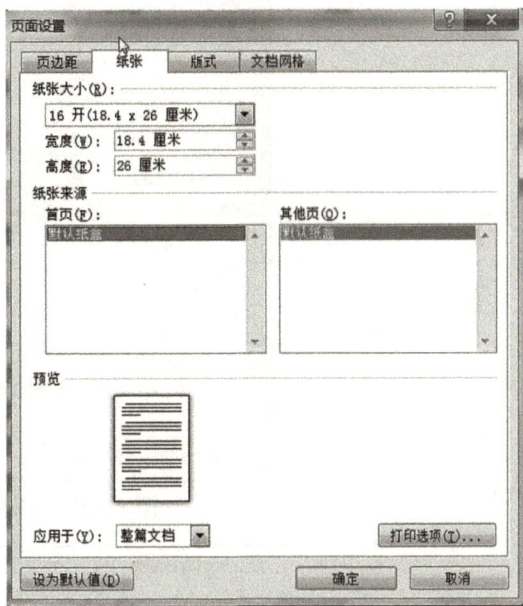

图 1-2-4　设置纸张大小

# 任务 2　文本格式的设置

## 【任务实施】

　　*步骤 1*　设置文档标题格式。选择标题"捷通短信群发平台推广"，在"开始"选项卡的"字体"组中，单击对话框启动器按钮，打开"字体"对话框，设置字体为黑体，字号为二号，颜色为红色，如图 1-2-5 所示。

　　*步骤 2*　设置正文第一段格式。选中正文第一段，设置字体为微软雅黑，字号为四号，颜色为黑色。

　　*步骤 3*　设置正文标题格式。选中"信息传播优势"，设置字体为幼圆，字号为四号，颜色为橙色。

　　*步骤 4*　设置正文格式。选中"信息传播优势"下面的正文，把字体设置为宋体，字号为小四，颜色为黑色。

步骤 5  设置段前小标题格式。选中"优势 1:",把字形设置为"加粗"。重新选取"优势 1",添加一条黑色的下划线。按照相同的方法,完成其他小标题格式设置,如图 1-2-6 所示。

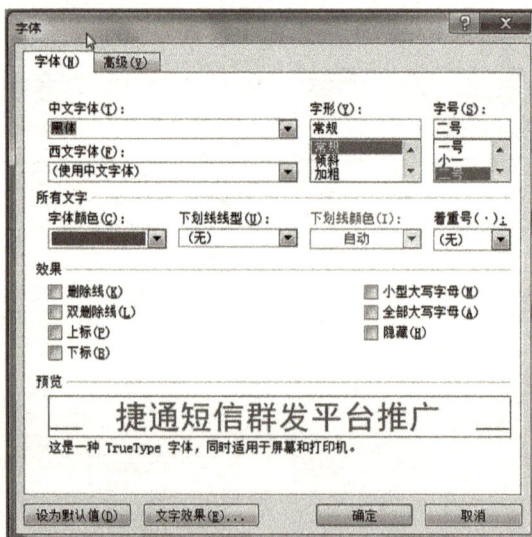

图 1-2-5  "字体"设置对话框

图 1-2-6  设置文本格式

# 任务 3  段落格式的设置

【任务实施】

步骤 1  按 Ctrl+A 组合键选中所有的文本,在"开始"选项卡的"段落"组中,单击对话框启动器，打开"段落"对话框。在"缩进和间距"选项卡中，将特殊格式设置为"首行缩进" 2 字符，行距为 1.5 倍行距，如图 1-2-7 所示。

步骤 2　分别选中"信息传播优势"、"短信群发在市场推广中的重要作用"、"手机短信的行业应用范围"、"服务方式"、"联系方式"，在"段落"对话框中设置"段前"为 0.5 行，如图 1-2-8 所示。

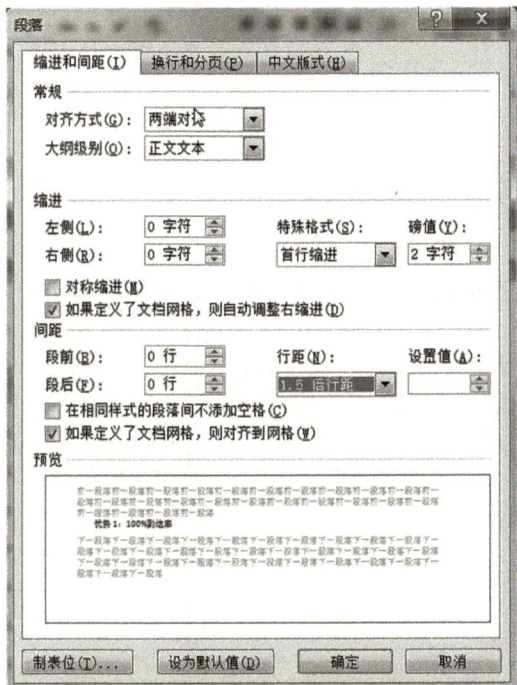

图 1-2-7　"首行缩进"和"行距"设置　　　　图 1-2-8　设置段前间距

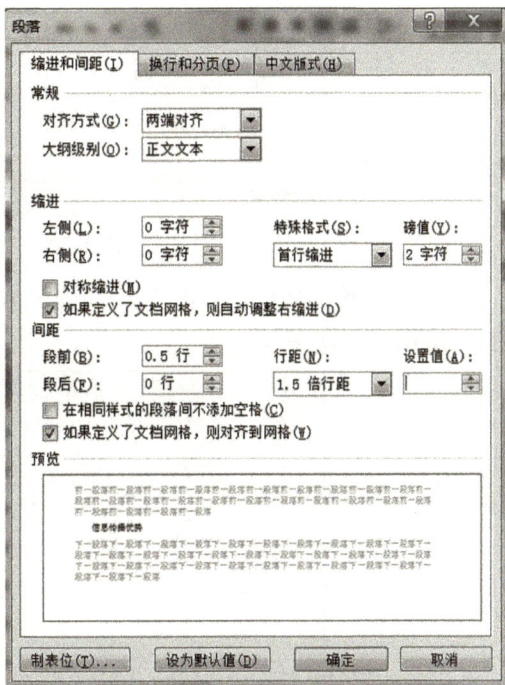

步骤 3　选中"捷通短信群发平台推广"这个标题，在"开始"选项卡的"段落"组中，单击"居中"按钮，将它居中显示。

## 任务 4　文字边框和底纹的设置

【任务实施】

步骤 1　添加边框。选中"信息传播优势"，在"开始"选项卡的"段落"组中，单击"边框"按钮右边的下拉按钮，单击"边框和底纹"按钮，打开"边框和底纹"对话框。在"边框"选项卡中，设置为"方框"，样式为直线，应用于"文字"，如图 1-2-9 所示。

图 1-2-9　给文字添加边框

**步骤 2**　添加底纹。单击"底纹"选项卡，参照图 1-2-10 所示，将填充颜色设置为"橙色"，应用于"文字"。

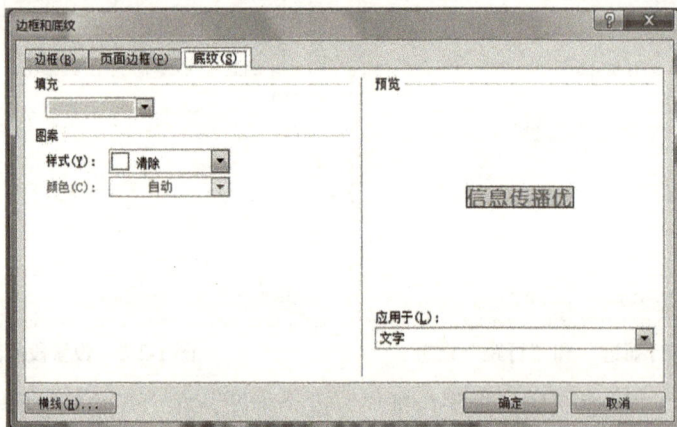

图 1-2-10　给文字添加底纹

图 1-2-11　"格式刷"位置

**步骤 3**　复制格式。选中已经设置好的文本"信息传播优势"，双击"剪贴板"组中的格式刷按钮，如图 1-2-11 所示，在正文的其余标题"短信群发在市场推广中的重要作用"、"手机短信的行业应用范围"、"服务方式"和"联系方式"上依次拖曳，直至再次单击格式刷按钮取消格式复制。

**步骤 4**　按照同样的方法，依次复制修改正文其他内容的格式。

**小技巧**

　　利用格式刷可以实现快速格式复制，提高工作效率。单击格式刷按钮只能复制一次，而双击格式刷可以复制多次，直到再次单击取消格式刷。在 Word 2010 中，复制格式也可以使用快捷键，按 Ctrl+Shift+C 复制格式，按 Ctrl+Shift+V 粘贴格式。

# 任务 5　添加页眉和页脚

## 【任务实施】

**步骤 1**　添加页眉。在"插入"选项卡的"页眉和页脚"组中，单击"页眉"按钮，添加空白页眉，输入"快速•高效•准确•方便"，并左对齐。输入"更高效的短信发送平台"，并右对齐。

**步骤 2**　添加页码。在"插入"选项卡的"页眉和页脚"组中，单击"页码"按钮，在"页面底端"中间加入页码。设置完之后，整个项目效果图如图 1-2-1 所示。

**步骤 3**　保存并退出 Word 文档。

## 【知识链接】

### 一、段落对齐方式

**1. 两端对齐**

将所选段落的两端（末行除外）同时对齐或缩进。

**2. 左对齐**

将所选文字段落左边边缘对齐。

**3. 居中对齐**

使所选的文本居中排列。

**4. 右对齐**

通常在一篇文档中是向左对齐的，但作者的署名、日期等信息要放置在末尾的最右端，这就是右对齐。

**5. 分散对齐**

通常调整空格，使所选段落的各行等宽。

### 二、段落的缩进

通常文章的每一段落开头都要缩进两格，文本缩进的目的是使文档的段落显得更加条理清晰，更便于读者阅读。

**1. 左缩进**

段落的左边距离页面左边距的距离。

### 2. 右缩进

段落的右边距离页面右边距的距离。

### 3. 首行缩进

段落第一行由左缩进位置向内缩进的距离，中文习惯中一般首行为两个汉字宽度。

### 4. 悬挂缩进

段落中除第一行以外的其余各行由左缩进位置向内缩进的距离。

## 三、行间距和段间距

### 1. 行间距

行间距指一个段落内行与行之间的距离。

### 2. 段间距

段间距指相邻两段间的间隔距离，段间距包括段前间距和段后间距两种。段前间距是指段落上方的间距量，段后间距是指段落下方的间距量，因此两段间的段间距应该是前一个段落的段后间距与后一个段落的段前间距之和。

## 项目总结

本项目完成了捷通短信群发平台推广内容的排版，整个项目分成四个任务完成：页面格式设置、文本格式设置、段落格式设置以及边框和底纹的设置。主要涉及页面大小、页边距、页面方向的设置；文本字体、字号及颜色的设置；段落行间距、段前间距、首行缩进的设置；文字或段落的边框底纹的设置。

通过本项目的练习，可以让初学者对 Word 最基础的排版知识有一定的认识，能够对常用的内容进行简单的格式设置。

## 项目评价

### 项目评价表

| 项目名称 | | | | |
|---|---|---|---|---|
| 项目人员 | | | | |
| 评价项目 | 评价内容 | 学生自评 | 小组互评 | 教师评价 |
| 知识 | 学会通过工具栏或菜单进行排版操作 | | | |
| | 掌握段落设置的基本方法 | | | |
| | 掌握文字、段落的边框和底纹的设置方法 | | | |
| | 学会页眉和页脚的插入方法 | | | |
| | 掌握页面设置的方法 | | | |

续表

| 评价项目 | 评价内容 | 学生自评 | 小组互评 | 教师评价 |
|---|---|---|---|---|
| 技能 | 能熟练进行文本和段落的调整 | | | |
| | 能根据需要设置文本的边框和底纹 | | | |
| 情感态度 | 理解文本排版的作用和意义 | | | |
| | 了解文本排版在产品推广中的应用 | | | |
| 总评 | | | | |

备注：学生自评、小组互评、教师评价的评价标准：A. 优秀　B. 良好　C. 及格　D. 不及格

总评指教师对学生小组成员整体的评价，或是教学反思，采用评语方式。

## 拓展练习

对提供的平板电脑简介进行文本和段落的排版，效果图如图 1-2-12 所示。

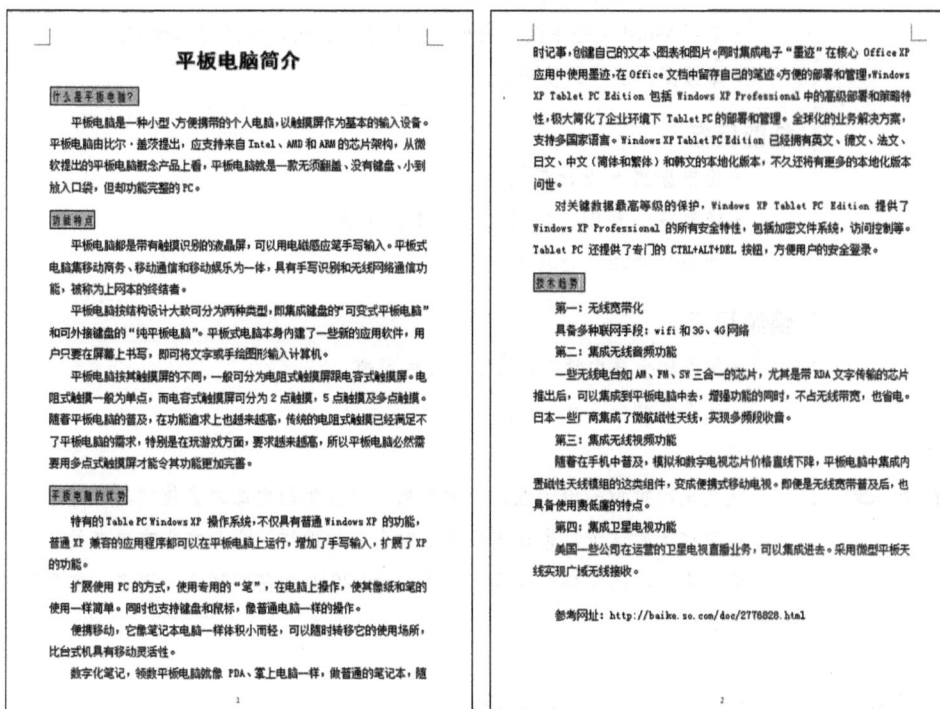

图 1-2-12　练习效果图

步骤提示：

（1）新建 Word 文档，使用 A4 纸张，页面使用默认设置。

（2）标题使用黑体，字号为二号。正文内容使用宋体，字号为小四。

（3）正文的小标题使用方正姚体，字号为小四。给小标题添加边框和浅灰色底纹。

（4）正文行间距设置为 1.5 倍行距，小标题段前间距为 0.5 行。

（5）在页面底端添加页码，居中显示。

项目 **1-3**

# 企业简介展板

**学习目标** ☞

**知识目标**

- 了解展板版面布局的基本方法。
- 学会使用分栏对段落进行布局。
- 学会给文字添加边框和底纹。
- 掌握 Word 文档中图片大小、图片位置、图片样式的编辑方法。
- 掌握图文混排的技巧。

**技能目标**

- 能根据需要设计展板。
- 能熟练设置图片的格式、大小、位置。
- 能根据要求进行图文混排。

**情感目标**

- 培养学生自主学习、自主探究的习惯。
- 让学生对企业有一定的认识。

**项目描述** ☞

　　飞龙集团拟做一份企业简介的展板，放在集团内部的宣传栏，让外来参观人员对企业有初步的认识，也让本厂员工对企业的性质、企业文化有更多的了解。展板要求简洁大气，图文搭配合理。利用 Word 2010 如何实现这一要求，本项目将带领大家一起来完成。

**项目分析** ☞

　　(1) 创建文档，调整页面布局。

　　(2) 插入图片，并调整图片的格式。

　　(3) 设置图文混排方式。

　　(4) 设置文字边框和底纹。

**效果展示** ☞

　　项目完成效果见图 1-3-1。

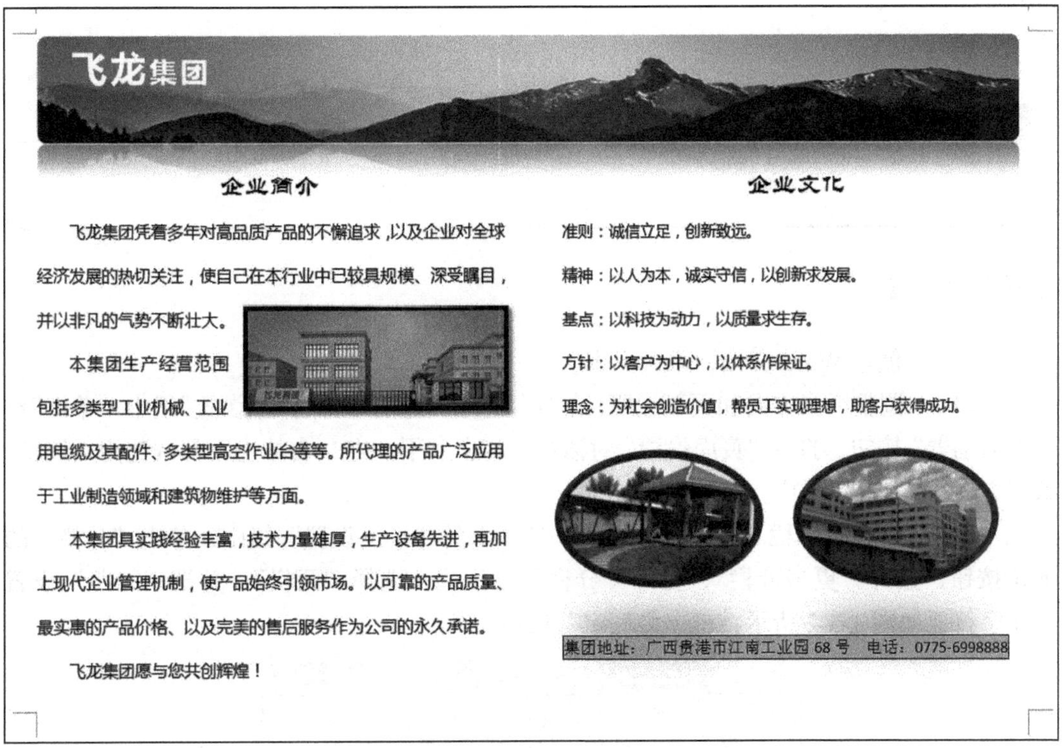

图 1-3-1　企业简介展板样图

项目资源所在位置：\办公软件项目教程\项目 1-3。

# 任务 **1** 调整页面布局

**【任务实施】**

步骤 1 创建 Word 文档，录入文本。

步骤 2 调整纸张方向和页面边距。在"页面布局"选项卡的"页面设置"组中，单击"对话框启动器"按钮，打开"页面设置"对话框，将上、下、左、右的边距都调整为 2 厘米，纸张方向设置为"横向"。

步骤 3 给文本分栏。在"页面布局"选项卡的"页面设置"组中，单击"分栏"的下拉按钮，选择"更多分栏"，打开"分栏"对话框，选择"两栏"，并把"间距"设置为 4 字符，如图 1-3-2 所示，单击"确定"按钮。

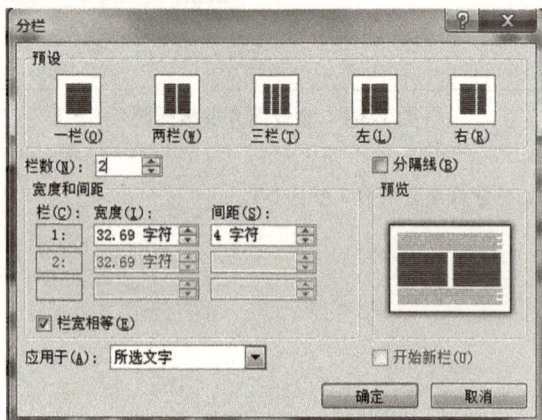

图 1-3-2 "分栏"对话框

# 任务 **2** 插入图片并调整图片的格式

**【任务实施】**

步骤 1 插入图片。在插入"选项卡"的"插图"组中，单击"图片"按钮，打开"插入图片"对话框，选择素材文件夹中的"山.jpg"，如图 1-3-3 所示，单击"插入"按钮。

图 1-3-3　"插入图片"对话框

步骤 2　设置图片的大小及格式。右击"山 .jpg"图片，选择"大小和位置"命令，打开"布局"对话框，在"大小"选项卡中，取消"锁定纵横比"，把高度的绝对值设置为 2.7 厘米，宽度的绝对值设置为 25.61 厘米，如图 1-3-4 所示，单击"确定"按钮。

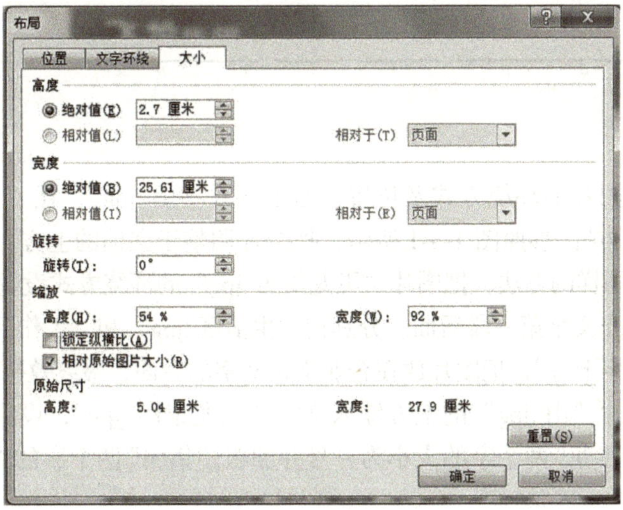

图 1-3-4　"布局"对话框

步骤 3　按照同样方法，分别插入"飞龙集团 .jpg"、"工作区 .jpg"和"生活区 .jpg"三张图片，其中把"生活区 .jpg"和"工作区 .jpg"图片的高度设置为 3.22 厘米，宽度设置为 5.16 厘米。把"飞龙集团 .jpg"图片高度设置为 2.41 厘米，宽度设置为 6.64 厘米。

步骤 4　设置图片的格式。单击"山 .jpg"图片，在"图片工具格式"选项卡的"图片样式"组中，选择"映像圆角矩形"。效果如图 1-3-5 所示。

图 1-3-5　图片"山 .jpg"格式设置

步骤 5　按照同样的方法,把"飞龙集团 .jpg"图片格式设置为"简单框架,黑色",如图 1-3-6 所示。"工作区 .jpg"和"生活区 .jpg"图片格式设置为"棱台形椭圆,黑色",如图 1-3-7 所示。

图 1-3-6　图片"飞龙集团 .jpg"格式设置

图 1-3-7　图片"生活区 .jpg"和"工作区 .jpg"格式设置

# 任务 3　图文混排

【任务实施】

步骤 1　设置图片的环绕方式及位置。右击图片"山 .jpg",在"自动换行"命令项选择"衬于文字下方"。参照图 1-3-1 所示,把图片调整于文档的上方。

步骤 2　按照同样的方法,把图片"飞龙集团 .jpg"的环绕方式设置为"紧密型环绕",把图片放在企业简介文字第一段后面。分别把"生活区 .jpg"和"工作区 .jpg"图片环绕方式设置为"浮于文字上方",把图片放在企业文化文字的后面,最终效果如图 1-3-1 所示。

步骤 3　在图片"山 .jpg"的上方输入文字"飞龙集团 .jpg",设置字体为微软雅黑,字体颜色为白色,"飞龙"两个字的大小为一号并加粗,"集团"两个字的大小为小二并加粗,如图 1-3-8 所示。

图 1-3-8　在图片上方添加文字

步骤 4　设置"企业简介"标题文本格式及对齐方式。选取标题"企业简介",把字体设置为华文隶书,大小设置为小二,居中对齐。

步骤 5　设置企业简介内容的文本格式及段落格式。选取企业简介文字内容,设置字体为微软雅黑,字体大小为小四。首行缩进 2 字符,行距为 1.5 倍行距。

步骤 6　适当调整文本和图片的位置,使企业简介的内容刚好排满左边页面,如图 1-3-9 所示。

步骤 7　设置"企业文化"文本格式及对齐方式。选取标题"企业文化",把字体设置为华文隶书,大小设置为小二,居中对齐。方法参考步骤 3。

步骤 8　设置企业文化内容的文本格式及段落格式。选取企业文化文字内容,设置字体为微软雅黑,字体大小为小四,行间距为 1.5 倍行距。方法参考步骤 4。

步骤 9　调整"企业文化"版块的图文排列方式。把"生活区"和"工作区"图片移动至"企业文化"内容的最后面,并列排放,如图 1-3-10 所示。

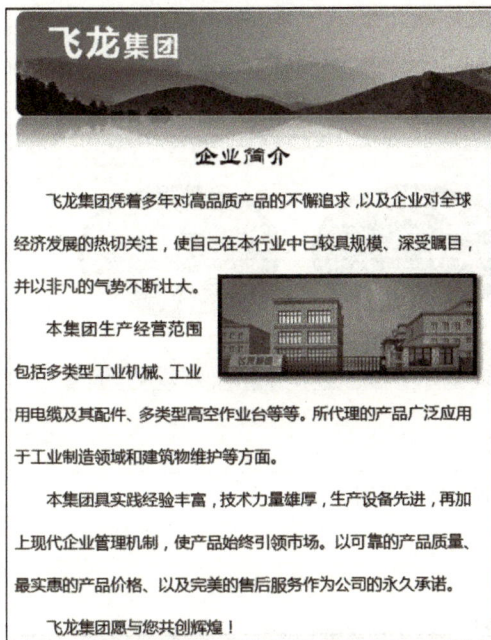

图 1-3-9　调整图文混排方式　　　　　　图 1-3-10　把图片放在内容最后面

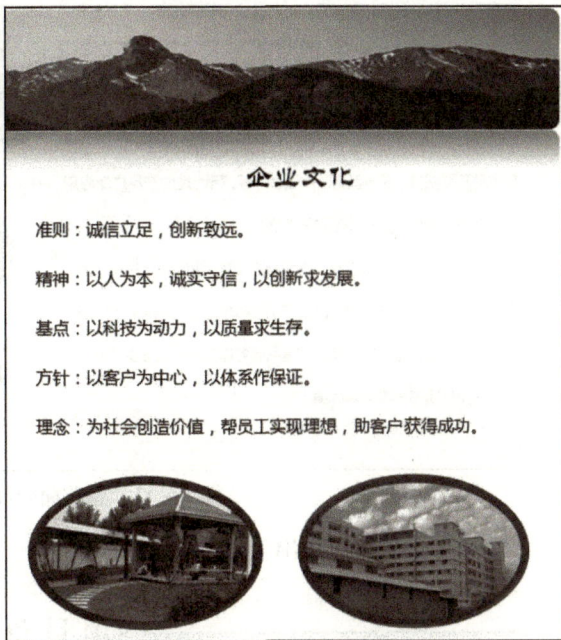

# 任务 4　文字边框和底纹的设置

## 【任务实施】

步骤 1　输入文本并调整文本格式。在企业文化版块的最下方输入文字"集团地址:

广西贵港市江南工业园 68 号 电话：0775-6998888"。文本字体设置为宋体，字号为小四。

步骤 2　给文本添加底纹。在"开始"选项卡的"段落"组，单击"底纹"右边的下拉按钮，选取底纹的颜色。

步骤 3　给文本添加边框。在"开始"选项卡的"段落"组，单击"框线"右边的下拉按钮，选取"外侧框线"。

步骤 4　调整文本的位置，整个展板排版效果如图 1-3-11 所示。

图 1-3-11　企业简介展板最终效果图

步骤 5　保存并退出 Word 文档。

## 项目总结

本项目完成了企业简介的展板制作，内容主要包括企业简介及企业文化。项目分成四个任务完成：页面布局的设置、图片的插入及格式设置、图文混排、文字边框和底纹的设置。主要涉及的内容有页面方向及大小设置、图片的大小、位置、样式设置、图片在文档中的混合方式、文字和段落边框底纹的区别等。本项目的内容具有广泛的应用性，是图文混排的经典案例。

通过本项目的学习，学生可对图片格式的设置形成初步认识，并通过企业简介和企业文化介绍对企业有更多的认识。

## 项目评价

**项目评价表**

| 项目名称 | | | | |
|---|---|---|---|---|
| 项目人员 | | | | |
| 评价项目 | 评价内容 | 学生自评 | 小组互评 | 教师评价 |
| 知识 | 了解展板版面布局的基本方法 | | | |
| | 学会使用分栏对段落进行布局 | | | |
| | 学会给文字添加边框和底纹 | | | |
| | 掌握Word文档中图片大小、图片位置、 | | | |
| | 掌握图文混排的排版技巧 | | | |
| 技能 | 能根据需要设计展板 | | | |
| | 能熟练设置图片的格式、大小、位置 | | | |
| | 能根据要求进行图文混排 | | | |
| 情感态度 | 自主学习、自主探究的习惯 | | | |
| | 对企业有一定的认识 | | | |
| 总评 | | | | |

备注：学生自评、小组互评、教师评价的评价标准：A. 优秀　B. 良好　C. 及格　D. 不及格
　　　总评指教师对学生小组成员整体的评价，或是教学反思，采用评语方式。

## 拓展练习

请根据提供的素材，制作出红米手机宣传图。图 1-3-12 是小米手机官网的参考图，大家可以根据自己的创意进行设计。

图 1-3-12　练习效果图

步骤提示：

（1）新建 Word 文档，把页面纸张大小设置为 16 开，纸张方向设置为横向。

（2）输入标题和副标题，并设置相应的格式。

（3）插入手机相关图片，输入文字说明，并调整格式。

（4）设置分栏。

（5）保存并退出 Word 文档。

# 海报制作

**学习目标** ☞

**知识目标**

- 了解海报版面布局的基本方法。
- 能够熟练地使用文本框进行文本排版。
- 掌握艺术字的添加和格式设置方法。
- 掌握添加自选图形的方法。
- 掌握页面设置的方法。

**技能目标**

- 能根据需要熟练设计文档版面。
- 学会使用艺术字增强文字的表现力。
- 了解自选图形的作用，能利用自选图形进行创意制作，美化文档。

**情感目标**

- 培养学生学习 Word 排版的兴趣。
- 培养学生将所学知识应用到生活中的能力。

**项目描述** ☞

　　天力电脑城预计在国庆节期间做一个笔记本电脑促销活动，要做一份海报，张贴在店门口，并分发给进店的每一位顾客。针对不同的消费人群，主推六款笔记本，价格在 3000 ～ 6000 元。海报要求注明简单的活动细则，并把计算机的价格和基本参数写在上面。

**项目分析** ☞

　　（1）创建文档，为海报添加页面边框和底纹。

　　（2）为海报添加图片背景。

　　（3）为海报添加艺术字标题。

　　（4）利用文本框为海报添加文字。

　　（5）插入形状，制作商品展。

**效果展示** ☞

　　项目完成效果见图 1-4-1。

图 1-4-1　海报制作样图

项目资源所在位置：\办公软件项目教程\项目 1-4。

## 任务 1　为海报添加页面边框和底纹

【任务实施】

步骤 1　创建文档。新建一个空白 Word 文档，把纸张大小设置为 A4，其他均使用默认值。

步骤 2　给页面添加底纹。在"页面布局"选项卡的"页面背景"组，单击"页面颜色"右边的下拉按钮，选择一种颜色作为页面背景色。

步骤 3　给页面添加边框。在"页面布局"选项卡的"页面背景"组，单击"页面边框"按钮，在弹出的"边框和底纹"对话框中，选择一种艺术型边框，如图 1-4-2 所示。

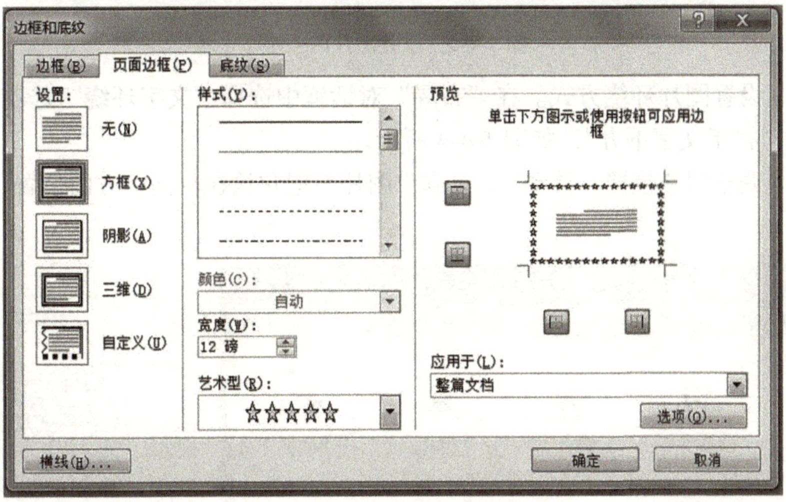

图 1-4-2　设置页面边框

## 任务 2　为海报添加图片背景

【任务实施】

步骤 1　插入"大礼包"图片。从"插入"选项卡的"插图"组，单击"图片"按钮，从素材中添加"大礼包 .jpg"图片。

步骤2　设置图片的格式。右击"大礼包.jpg"图片，在弹出的菜单中选择"大小和位置"命令。启动"布局"对话框后，在"大小"选项卡中取消"锁定纵横比"，把高度绝对值设置为11.75厘米，宽度绝对值设置为18.52厘米，如图1-4-3所示。

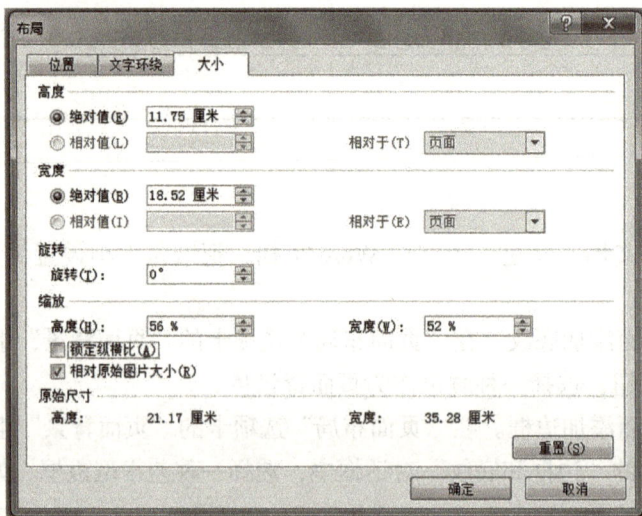

图1-4-3　设置图片的大小

步骤3　设置图片环绕方式。在"布局"对话框中选择"文字环绕"选项卡，把环绕方式设置为"衬于文字下方"，如图1-4-4所示。

步骤4　调整图片位置。移动"大礼包"图片，把它放在页面上方的位置，如图1-4-5所示。

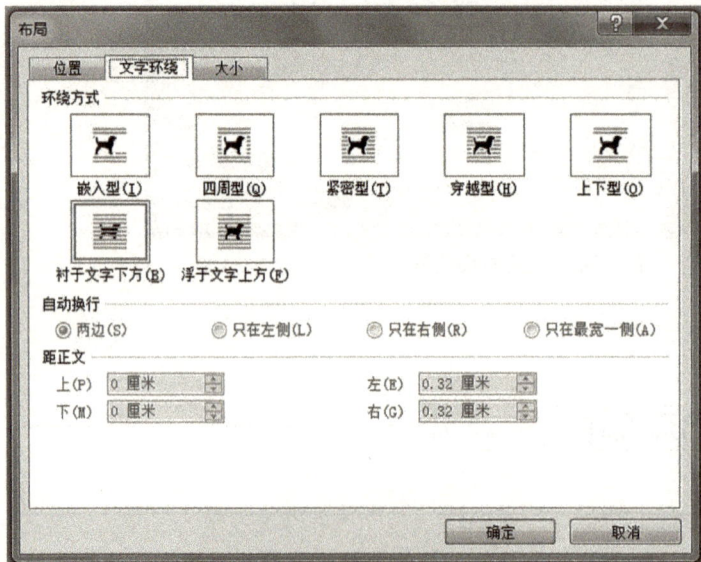

图1-4-4　设置图文混排方式

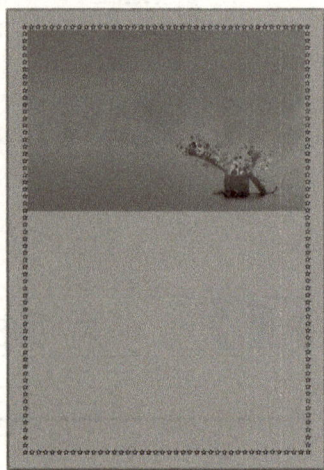

图1-4-5　调整图片位置

## 任务 3　为海报添加艺术字标题

【任务实施】

　　**步骤 1**　插入艺术字。在"插入"选项卡的"文本"组中单击"艺术字"按钮，打开艺术字样式列表，选择第二行第四个。字号设置为 60，如图 1-4-6 所示。

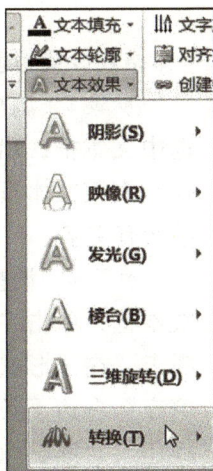

图 1-4-6　选择艺术字样式

　　**步骤 2**　修改艺术字格式。选中艺术字，在"绘图工具格式"选项卡的"艺术字样式"组中，单击"文本效果"的"转换"项，如图 1-4-7 所示。选择"两端近"，如图 1-4-8 所示。

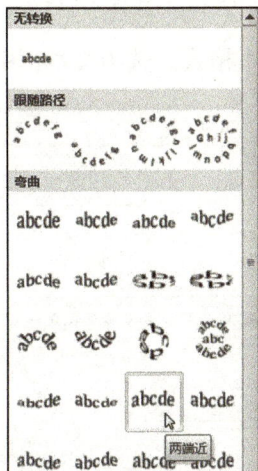

图 1-4-7　设置艺术字效果　　图 1-4-8　转换艺术字格式

步骤3 选中艺术字，拖动调整大小，如图1-4-9所示。

图1-4-9 艺术字效果图

# 任务4 利用文本框为海报添加文字

## 【任务实施】

步骤1 插入文本框。在"插入"选项卡的"文本"组中单击"文本框"下拉按钮，选择"绘制文本框"，在文档中插入一个横排的文本框，在文本框中输入如下文字。

> 每天购买的前20名买家，均获惊喜大礼包一份！机不可失，速来抢购哦！
> 活动地点：天力电脑城
> 活动时间：10月1日至10月7日

步骤2 设置文本格式。选中文本框中的文字，字体格式设置为隶书、20号、黑色。

图1-4-10 用文本框添加文字

步骤3 调整文本框大小。单击选中文本框，出现六个控点，拖动控点调整文本框的大小，使其能容纳所有文字。

步骤4 调整文本框格式。选中文本框，单击"绘图工具格式"选项卡，在"形状样式"组的"形状填充"右边下拉按钮选择"无填充颜色"，"形状轮廓"的下拉按钮选择"无轮廓"。效果如图1-4-10所示。

## 任务 5　添加形状制作商品展

【任务实施】

　　步骤 1　插入形状背景。从"插入"选项卡的"插图"组中，单击"形状"按钮的下拉按钮，选择"圆角矩形"。在文档中按住鼠标左键拖动，得到一个圆角矩形形状。

　　步骤 2　编辑形状。选中形状，出现六个控点，拖动控点可以调整形状的大小。单击"绘图工具格式"选项卡，在"形状样式"组中，单击"形状填充"右边的下拉按钮，给形状填充白色。单击"形状轮廓"右边的下拉按钮，给形状换橙色的边框。效果如图 1-4-11 所示。

　　步骤 3　添加笔记本电脑图片。插入图片"笔记本 1 .jpg"，设置图片环绕方式为"浮于文字上方"，调整图片的大小及位置，将图片移至形状上方，如图 1-4-12 所示。

图 1-4-11　形状背景　　　　　　　　图 1-4-12　插入笔记本电脑图片

　　步骤 4　添加描述边框。按照步骤 1 和步骤 2 的方法，添加一个圆角矩形框，如图 1-4-13 所示。

　　步骤 5　添加笔记本描述。右击描述边框，在弹出的快捷菜单中选择"添加文字"。输入"14.0英寸 i5-4210MQCPU 4GB 内存 500GB 硬盘 2GB 独显"。文本格式设置为宋体、五号，如图 1-4-14 所示。

　　步骤 6　添加价格标签。插入一个"爆炸形 1"形状，使用红色的填充色，橙色的边框，如图 1-4-15 所示。在形状上方添加一个文本框，输入价格：¥3699。文本框格式设置为无边框边填充颜色，字体设置为黑体、三号、白色，如图 1-4-16 所示。

　　步骤 7　重复步骤 1 ～ 6，添加其他的商品，如图 1-4-17 所示。

图 1-4-13　添加描述边框

图 1-4-14　添加描述

图 1-4-15　添加爆炸形形状

图 1-4-16　输入价格

图 1-4-17　添加其他商品

## 任务 6　调整内容布局

### 【任务实施】

步骤 1　用不同的方式查看视图。在"视图"选项卡下，分别单击"文档视图"中的页面视图、阅读版式、Web 版式视图、大纲视图和草稿。查看在不同的视图下，文档的显示情况。

步骤 2　调整内容布局，效果如图 1-4-1 所示。

### 【知识链接】

**文档视图**

**1. 页面视图**

可以显示 Word 2010 文档的打印结果外观，主要包括页眉、页脚、图形对象、分栏设置、页面边距等元素，是最接近打印结果的视图方式。

**2. 阅读版式视图**

以图书的分栏样式显示 Word 2010 文档，"文件"按钮、功能区等窗口元素被隐藏起来。在阅读版式视图中，用户还可以单击"工具"按钮选择各种阅读工具。

**3. Web 版式视图**

以网页的形式显示 Word 2010 文档，Web 版式视图适用于发送电子邮件和创建网页。

**4. 大纲视图**

主要用于设置 Word 2010 文档和显示标题的层级结构，并可以方便地折叠和展开各种层级的文档。大纲视图广泛用于 Word 2010 长文档的快速浏览和设置中。

**5. 草稿视图**

取消了页面边距、分栏、页眉 / 页脚和图片等元素，仅显示标题和正文，是最节省计算机系统硬件资源的视图方式。当然，现在计算机系统的硬件配置都比较高，基本上不存在由于硬件配置偏低而使 Word 2010 运行遇到障碍的问题。

### 项目总结

本项目完成了电脑公司国庆宣传海报的制作，项目分成六个任务完成。主要学习的知识点有页面边框和底纹的设置、艺术字的创建、自选图形的插入及格式设置、版面布局及不同的预览方法。项目的选择跟企业典型工作任务相关，具有很强的代表性和实用性。学生通过本项目的练习，不仅可以掌握 Word 2010 的排版知识，还可以掌握海报的制作技巧。为今后更加灵活地把所学知识应用到实际工作中，奠定了良好的基础。

## 项目评价

### 项目评价表

| 项目名称 | | | | |
|---|---|---|---|---|
| 项目人员 | | | | |
| 评价项目 | 评价内容 | 学生自评 | 小组互评 | 教师评价 |
| 知识 | 了解海报版面布局的基本方法 | | | |
| | 能够熟练地使用文本框进行文本排版 | | | |
| | 掌握艺术字的添加和格式设置方法 | | | |
| | 学会添加自选图形 | | | |
| | 掌握页面设置的方法 | | | |
| 技能 | 学会使用艺术字增强文字的表现力 | | | |
| | 了解自选图形的作用，学会利用自选图形进行创意制作 | | | |
| 情感态度 | 培养学生学习 Word 排版的兴趣 | | | |
| | 培养学生将所学知识应用到生活中的能力 | | | |
| 总评 | | | | |

备注：学生自评、小组互评、教师评价的评价标准：A．优秀　B．良好　C．及格　D．不及格
　　　总评指教师对学生小组成员整体的评价，或是教学反思，采用评语方式。

## 拓展练习

请根据提供的素材，制作出"圣诞板报"。大家可以发挥自己的创造力，制作出不同的效果。图 1-4-18 仅供参考。

步骤提示：

（1）新建 Word 文档，使用 A4 纸张，纸张方向为横向。

（2）添加页面边框。

（3）添加图片或图形，调整其位置和环绕方式。

（4）添加文本框，输入各版块文字。

（5）添加艺术字，制作各版块标题。

图 1-4-18　练习效果图

# 项目 *1-5*

## 公司员工履历表制作

**学习目标** ☞

### 知识目标

- 掌握在 Word 文档中创建表格的方法。
- 理解表格中行、列、单元格、表格标题等概念。
- 掌握编辑和修改表格、设置表格属性的方法。

### 技能目标

- 能根据需要在 Word 文档中绘制各种表格。
- 能熟练编辑和修改表格、设置表格属性、调整表格结构。

### 情感目标

- 培养学生自主学习、自主探究的习惯。
- 让学生在成功体验中享受学习的快乐。

**项目描述** ☞

    南山电子科技有限公司为了加强管理，健全人事档案制度，每个员工需要填写一份履历表，要求用 Word 电子文档制作。现在就用 Word 2010 文字处理软件知识为公司完成这份履历表的制作。

**项目分析** ☞

（1）创建表格。

（2）插入或删除行、列。

（3）调整表格行高和列宽。

（4）根据需要对单元格进行拆分和合并。

（5）调整表格结构、设置表格格式。

**效果展示** ☞

项目完成效果见图 1-5-1。

**公司员工履历表**

| 姓名 | | 性别 | | 民族 | | 相片（二寸） |
|------|---|------|---|------|---|---------------|
| 籍贯 | | 出生年月 | | 婚姻状况 | | |
| 文化程度 | | 政治面貌 | | 身体状况 | | |
| 毕业学校及专业 | | | | | | |
| 家庭地址 | | | | 联系方式 | 手机 | |
| | | | | | 邮箱 | |
| 通信地址 | | | | 邮编 | | |
| 所属部门 | | | | 职务 | | |
| 业务专长 | | | | | | |

| 工作经历 | 起止年月 | 单位 | 职务 | 证明人 |
|----------|----------|------|------|--------|
| | | | | |
| | | | | |
| | | | | |

| 学习或培训经历 | 起止年月 | 学习或培训内容 | 主办单位（或学校） | 效果 |
|----------------|----------|----------------|---------------------|------|
| | | | | |
| | | | | |
| | | | | |

图 1-5-1　公司员工履历表样图

项目资源所在位置：\办公软件项目教程\项目 1-5。

# 任务 1 创建表格

## 【任务实施】

**步骤 1** 创建 Word 文档。新建 Word 文档，输入标题"公司员工履历表"，并以"公司员工履历表"为文件名保存。

**步骤 2** 插入一个 12 列 14 行的表格。将光标定位到第二行起始位置，在"插入"选项卡的"表格"组中，单击"表格"按钮，选择"插入表格"命令，打开"插入表格"对话框，分别输入表格的列数和行数：12 和 14，如图 1-5-2 所示，单击"确定"按钮，则在文档中插入如图 1-5-3 所示的表格。

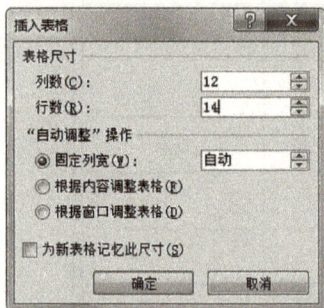

图 1-5-2 "插入表格"对话框          图 1-5-3 12 列 14 行的表格

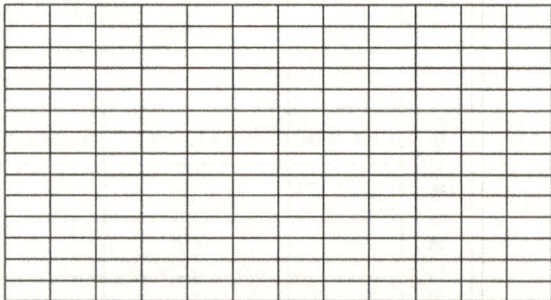

**小技巧**

绘制简单的表格还可以单击"表格"组中的表格按钮，在打开的表格列表中，拖动鼠标选择所需要的行列数即可。

# 任务 2 编辑和修改表格

## 【任务实施】

**步骤 1** 为表格添加新行，使其成为一个 16 行的表格。将鼠标指针移至表格第一行的左边界，当鼠标指针变成白色箭头时，单击鼠标选中第一行，在"表格工具"的"布局"选项卡中，单击"行和列"组中的"表格插入单元格"启动器按钮，打开"插入单元格"

对话框，选取"整行插入"，如图 1-5-4 所示，单击"确定"按钮，则在光标所在行的上方插入一个空行。

步骤 2　删除多余的列，使其成为一个 10 列 16 行的表格。将鼠标指针移至表格第一列顶部，当鼠标指针变成黑色箭头时，单击鼠标选中第一列，在"表格工具"的"布局"选项卡中，单击"行和列"组中的"删除"命令，选择"删除列"即可。

步骤 3　调整表格的行高和列宽，使其更为合适。

（1）选中表格，单击"表格工具"中的"布局"选项卡，选取"表"组中的"属性"按钮，打开"表格属性"对话框，在"行"选项中，勾选"指定高度"复选框，将表格行高设为 1 厘米，如图 1-5-5 所示。

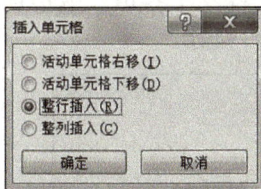

图 1-5-4　"插入单元格"对话框

图 1-5-5　"表格属性"对话框"行"选项

（2）用相同方法在"列"选项中，勾选"指定列宽"复选框，在"指定宽度"文本框中输入"1.25 厘米"，如图 1-5-6 所示。单击"表格"选项，选择"居中"对齐方式，如图 1-5-7 所示，单击"确定"按钮。

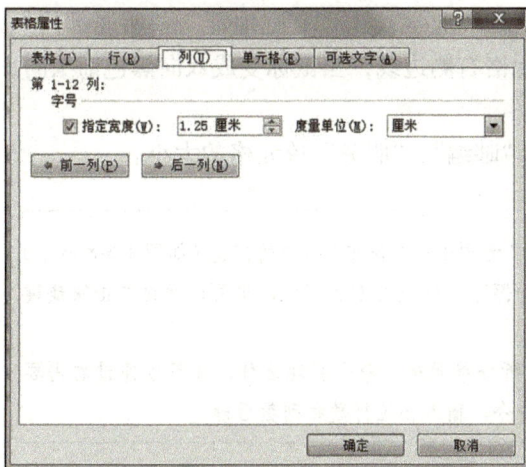

图 1-5-6　"表格属性"对话框"列"选项

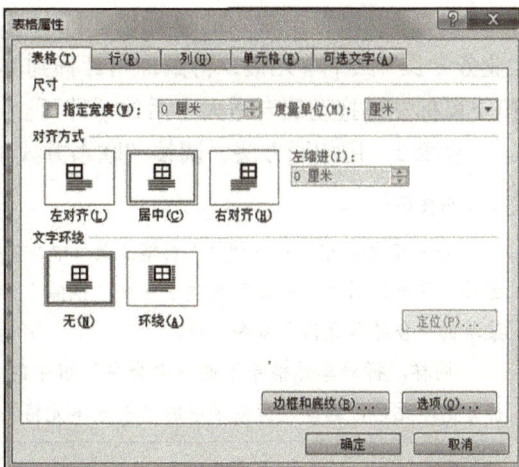

图 1-5-7　"表格属性"对话框"表格"选项

# 任务 3 调整表格结构

## 【任务实施】

**步骤 1** 合并单元格。参照图 1-5-1，选中表格中需要合并的单元格，在"表格工具"的"布局"选项卡中，单击"合并"组的"合并单元格"命令，即可完成操作，如图 1-5-8 所示。

**步骤 2** 拆分单元格。选中表格第五行最后一个单元格，在"表格工具"的"布局"选项卡中，单击"合并"组的"拆分单元格"按钮，打开"拆分单元格"对话框，输入拆分列数为 1，拆分行数为 2，如图 1-5-9 所示，单击"确定"按钮。

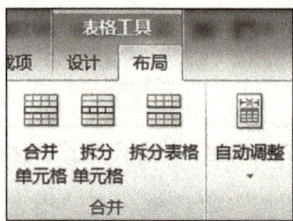

图 1-5-8 "布局"选项卡中的"合并"组          图 1-5-9 "拆分单元格"对话框

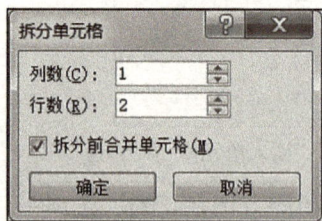

**步骤 3** 参照图 1-5-1，在表格相应的单元格输入文字。

**步骤 4** 设置不规则的单元格。同时选取"毕业学校"、"家庭地址"、"所属部门"、"业务专长"四个单元格，将鼠标指针移到单元格右侧边线，当鼠标变成双向黑色箭头时，按下鼠标左键拖动到合适大小后放手即可。

**步骤 5** 用相同方法，调整"联系方式"、"邮编"、"职务"单元格的大小。

# 任务 4 设置单元格格式

## 【任务实施】

**步骤 1**　设置单元格格式。选中表格，右击鼠标，在快捷菜单中选取"单元格对齐方式"中的"水平居中"命令，设置表格所有单元格水平和垂直都居中。

**步骤 2**　将"相片(一寸)"单元格的文字加粗。

**步骤 3**　单元格竖排文字设置。分别选取"工作经历"、"学习或培训经历"和"相片（一寸）"单元格，右击鼠标，在快捷菜单中选取"文字方向"命令，打开"文字方向 - 表格单元格"对话框，选择中间文字，如图 1-5-10 所示，单击"确定"按钮。

**步骤 4**　保存并退出文档。

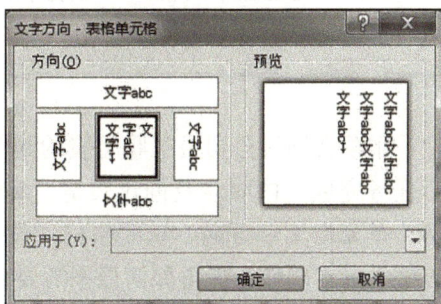

图 1-5-10　"文字方向 - 表格单元格"对话框

## 【知识链接】

### 一、创建表格的其他方法

**1. 拖动鼠标插入表格**

单击"插入"选项卡，在"表格"中单击"表格"按钮，拖动鼠标至合适的行数和列数，松开鼠标即可在页面中插入相应的表格。

**2. 绘制表格**

单击"插入"选项卡，在"表格"中单击"绘制表格"命令，鼠标指针变成铅笔形状，拖动鼠标左键绘制表格边框、行和列，绘制完成表格后，按 Esc 键或者在"设计"选项卡中单击"绘制表格"按钮取消绘制表格状态。

**3. 文本转换成表格**

选中要转换成表格的文本，单击"插入"选项卡，在"表格"中单击"文本转换成表格"命令，打开"将文字转换成表格"对话框，设置好表格的行数和列数，单击"确定"即可。

### 二、表格的选取

（1）选取一个单元格。将鼠标指针放在单元格的左边线内侧，当出现右朝上的黑色箭头时，单击鼠标即可选中该单元格。

（2）选取一行。将鼠标指针放在行的左边缘外侧，当出现白色箭头时，单击鼠标即可选中该行。

（3）选取一列。将鼠标指针放在列的上方边缘，当出现黑色箭头时，单击鼠标即可选中该列。

（4）选取多个相邻的单元格。将鼠标放在需要选取的第一个单元格，按住 Shift 键不放，单击最后一个需要选取的单元格，即可选中多个相邻的单元格。

（5）选中多个不相邻的单元格。选取一个单元格后，按住 Ctrl 键不放，再逐个单击需要选取的单元格。

（6）选中整个表格。单击表格左上角的全选标记。

## 项目总结

本项目通过公司员工履历表的制作，介绍了如何在 Word 文档中创建表格，项目分四个任务完成，内容涉及创建表格、编辑和修改表格、表格属性的设置、合并与拆分单元格、单元格文字方向、单元格格式设置等操作。通过这一项目的制作，学生掌握了创建表格的基本操作，懂得如何根据需要在 Word 文档中制作表格。

项目设计，既涵盖了制作表格的基本操作，又贴近企业典型工作任务，加强理论教学与实践操作相结合，缩短企业岗位能力与学生动手操作之间的距离，再通过巩固练习，起到举一反三的作用。

## 项目评价

### 项目评价表

| 项目名称 | | | | |
|---|---|---|---|---|
| 项目人员 | | | | |
| 评价项目 | 评价内容 | 学生自评 | 小组互评 | 教师评价 |
| 知识 | 了解表格组成元素及其概念 | | | |
| | 掌握创建表格的方法 | | | |
| | 掌握表格的基本操作 | | | |
| | 掌握表格属性的设置 | | | |
| 技能 | 能根据需要创建不同的表格 | | | |
| | 熟练进行表格的基本操作 | | | |
| | 能根据需要调整表格的结构 | | | |

续表

| 评价项目 | 评价内容 | 学生自评 | 小组互评 | 教师评价 |
|---|---|---|---|---|
| 情感态度 | 能自主学习，探究项目解决方法 | | | |
| | 能运用本项目知识解决实际问题 | | | |
| | 能与同学合作交流，分享学习成果 | | | |
| 总评 | | | | |

备注：学生自评、小组互评、教师评价的评价标准：A．优秀　B．良好　C．及格　D．不及格
　　总评指教师对学生小组成员整体的评价，或是教学反思，采用评语方式。

## 拓展练习

完成本项目的四个任务后，大家已经掌握了在 Word 文档中创建表格的基本方法，下面通过练习进一步熟练操作。

### 练习一　制作班级课程表

练习一的效果图如图 1-5-11 所示。

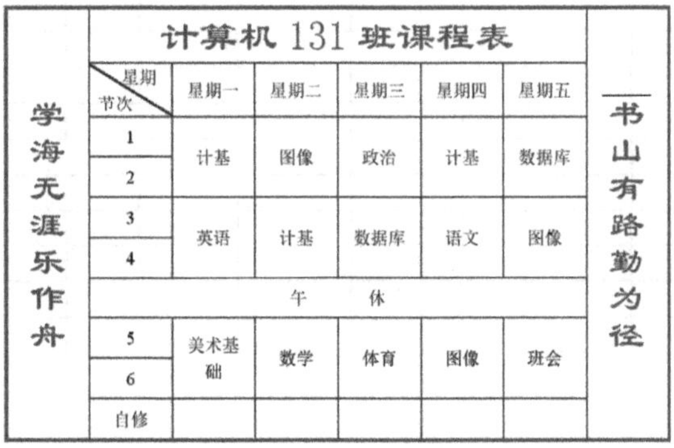

| 学海无涯乐作舟 | 计算机 131 班课程表 | | | | | | 书山有路勤为径 |
|---|---|---|---|---|---|---|---|
| | 星期<br>节次 | 星期一 | 星期二 | 星期三 | 星期四 | 星期五 | |
| | 1 | 计基 | 图像 | 政治 | 计基 | 数据库 | |
| | 2 | | | | | | |
| | 3 | 英语 | 计基 | 数据库 | 语文 | 图像 | |
| | 4 | | | | | | |
| | 午　休 | | | | | | |
| | 5 | 美术基础 | 数学 | 体育 | 图像 | 班会 | |
| | 6 | | | | | | |
| | 自修 | | | | | | |

图 1-5-11　练习一效果图

步骤提示：

（1）新建 Word 文档，插入一个 8 列 10 行的表格。

（2）合并单元格。

（3）绘制斜线表头。

（4）输入表格内容。

（5）设置表格格式。

（6）保存并退出 Word 文档。

### 练习二　制作商品销售情况登记表

练习二的效果图如图 1-5-12 所示。

### 2014 年度电脑销售情况登记表
#### （贵港市南山电子科技有限公司）

| 时间 | 商品编号 | 商品名称 | 计划任务 | 完成情况 | 进价 | 售价 | 库存 | 总价 | 利润 |
|---|---|---|---|---|---|---|---|---|---|
| 一季度 | 1146336 | 宏碁 V3-572G-59TB | 10 | 8 | 3000 | 3699 | 10 | | |
| | 1225324 | 三星 T530 | 15 | 10 | 1500 | 2088 | 5 | | |
| | 1163071 | 三星 TAB S T705 | 10 | 8 | 3200 | 3788 | 2 | | |
| | 1076875 | 华硕 M31AD-G3254A1 | 20 | 16 | 2500 | 2799 | 1 | | |
| | 996964 | 苹果 iPad mini2 | 10 | 12 | 1890 | 2580 | 0 | | |
| | 764136 | MD522CH/A | 5 | 3 | 3200 | 3599 | 2 | | |
| 二季度 | | | | | | | | | |
| | | | | | | | | | |
| | | | | | | | | | |
| | | | | | | | | | |
| 三季度 | | | | | | | | | |
| | | | | | | | | | |
| | | | | | | | | | |
| | | | | | | | | | |
| 四季度 | | | | | | | | | |
| | | | | | | | | | |
| | | | | | | | | | |
| | | | | | | | | | |
| 备注 | | | | | | | | | |

图 1-5-12　练习二效果图

步骤提示：

（1）新建 Word 文档，插入一个 10 列 25 行的表格。

（2）合并单元格并输入表格内容。

（3）设置表格属性、单元格文字方向及单元格对齐方式。

（4）保存并退出 Word 文档。

# 项目 *1-6*

## 工程预算表制作

**学习目标** ☞

### 知识目标

- 了解在 Word 文档中插入文本的方法。
- 掌握文本转换成表格的方法。
- 了解表格自动套用样式的意义及应用。
- 了解求和函数的意义与应用。
- 掌握表格数据计算的方法。

### 技能目标

- 能熟练制作数据清单。
- 能熟练进行数据计算。

### 情感目标

- 培养学生自主学习、自主探究的习惯。
- 加强同学之间的交流与合作。
- 让学生在成功体验中享受学习的快乐感、自豪感。

**项目描述** ☞

    南山电子科技有限公司要组建一个简单网吧，公司工程部列出了设备清单，如图 1-6-1 所示，是以 Word 文本形式呈现的，为了方便统计与购买，希望能制作成表格形式的清单，现在就请大家运用 Word 文档中表格制作的知识帮助公司完成这个任务。

**项目分析** ☞

    （1）创建空白文档，插入文本。

    （2）将文本转换成表格。

    （3）表格中数据的计算。

    （4）表格自动套用样式。

**效果展示** ☞

    项目完成效果见图 1-6-2。

## 简单网吧组建设备清单

| 设备名称 | 规格 | 数量 | 单位 | 单价(元) | 总价 |
|---|---|---|---|---|---|
| 电脑 | 联想(Lenovo) h425 (E1-2500 2G 500G) | 60 | 台 | 5000 | |
| 服务器 | 戴尔 Dell PowerEdge 12G T320 塔式服务器 | 1 | 台 | 10000 | |
| 交换机 | TP-LINK 24 口楼道交换机 TL-SF1024L | 3 | 台 | 1000 | |
| 网线 | 超 5 类（300 米/箱） | 2 | 箱 | 600 | |
| 水晶头 | | 150 | 个 | 2 | |
| 排插 | 20 孔 | 22 | 个 | 25 | |

图 1-6-1　简单网吧组建设备清单

## 网吧建设预算表

| 设备名称 | 规格 | 数量 | 单位 | 单价(元) | 总价 |
|---|---|---|---|---|---|
| 电脑 | 联想(Lenovo) h425 (E1-2500 2G 500G) | 60 | 台 | 5000 | 300000 |
| 服务器 | 戴尔 Dell PowerEdge 12G T320 塔式服务器 | 1 | 台 | 10000 | 10000 |
| 交换机 | TP-LINK 24 口楼道交换机 TL-SF1024L | 3 | 台 | 1000 | 3000 |
| 网线 | 超 5 类（300 米/箱） | 2 | 箱 | 600 | 120 |
| 水晶头 | | 150 | 个 | 2 | 300 |
| 排插 | 20 孔 | 22 | 个 | 25 | 550 |
| 电线 | 6 平方铜线 | 3 | 捆 | 600 | 1800 |
| 电脑桌 | 双位 | 30 | 张 | 300 | 9000 |
| 合计 | | | | | 324770 |

图 1-6-2　网吧建设预算表样图

项目资源所在位置：\ 办公软件项目教程 \ 项目 1-6。

## 任务 1　创建表格清单

【任务实施】

步骤 1　启动创建新的 Word 文档，插入素材文件夹中的"简单网吧组建设备清单"文件。在"插入"选项卡的"文本"组中，单击"对象"按钮，从下拉列表中选择"文件中的文字"命令，弹出"插入文件"对话框，打开素材文件夹，选中"简单网吧组建设备清单"文件，单击"插入"按钮。

> **小技巧**
>
> 利用"插入"选项"文本"组中"对象"的功能插入其他"文件中的文字"，可以避免数据重新输入，提高工作效率。

步骤 2　将文本转换成表格。选中文本，在"插入"选项卡的"表格"组中，单击"表格"按钮，选择下拉列表中的"文本转换成表格"命令，打开"将文本转换成表格"对话框，如图 1-6-3 所示。选择文字分隔位置为"制表符"，单击"确定"按钮。

步骤 3　设置单元格对齐方式。选中整个表格，右击鼠标，在弹出的快捷菜单中选择"单元格对齐方式"命令，选取"水平居中"。

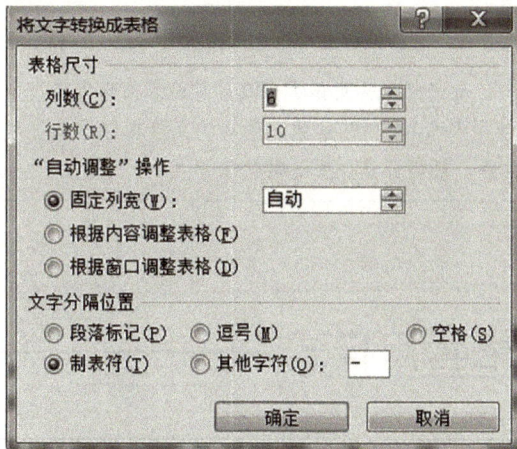

图 1-6-3　"将文本转换成表格"对话框

## 任务 2 表格数据计算

### 【任务实施】

**步骤 1** 计算电脑的总价。光标定位于存放计算结果的 F2 单元格，在"表格工具"的"布局"选项卡中，单击"数据"组的"公式"按钮，打开"公式"对话框，在公式文本框输入中"=C2*E2"，如图 1-6-4 所示，单击"确定"按钮。

**步骤 2** 依照以上方法计算其他设备的总价。

**步骤 3** 计算所有设备的合计数。光标定位于 F9 单元格，在"表格工具"的"布局"选项卡中，单击"数据"组的"公式"按钮，在文本框输入公式"=SUM(ABOVE)"，如图 1-6-5 所示，单击"确定"按钮。

| 公式 | 公式 |
|---|---|
| 公式(F)：=C2*E2 | 公式(F)：=SUM(ABOVE) |
| 编号格式(N)： | 编号格式(N)： |
| 粘贴函数(U)：　粘贴书签(B)： | 粘贴函数(U)：　粘贴书签(B)： |
| 确定　取消 | 确定　取消 |

图 1-6-4 "公式"对话框　　　　　图 1-6-5 "求和函数"对话框

> **小技巧**
>
> 在表格中计算数据之前，要先把光标定位于存放计算结果的单元格。
>
> 如果计算的数据无法使用 Word 提供的函数，则应该直接在"公式"对话框的"公式"文本框中输入计算公式，需要注意的是，任何计算公式必须以等号"＝"开头。

## 任务 3 表格套用样式

### 【任务实施】

**步骤 1** 选取整个表格。单击表格左上角的全选按钮即可选中整个表格，或选中第一个单元格后按住鼠标左键不放往右下角的单元格拖动，直至最后一个单元格才松开鼠标，这样也可选取整个表格。

步骤 2　表格自动套用样式。在"表格工具"的"设计"选项卡中，单击"表格样式"下拉按钮，选取"内置"的"浅色底纹 - 强调文字颜色 4"，如图 1-6-6 所示。

步骤 3　以"网吧建设预算表"为文件名保存并退出文档，最终效果如图 1-6-2 所示。

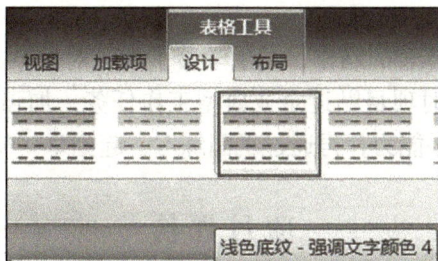

图 1-6-6　"表格套用样式"选项

【知识链接】

### 一、单元格地址表示方法（计算表格数据时，常用到单元格地址）

#### 1. 单元格地址编号规则

列号在前（从左到右为列号，用英文字母 A、B、C……表示），行号在后（由上到下为行号，用阿拉伯数字 1、2、3……表示），如第一行的单元格地址依次为 A1、B1、C1……单元格地址 D5 表示位于第五行第四列的单元格。

#### 2. 单元格区域地址表示方法

如果要指定单元格区域地址，可以用 A1：D4 这种形式，表示左上角为 A1，右下角为 D4 的单元格区域，而 B2：E2 则表示 B2、C2、D2、E2 这四个单元格区域。

### 二、Word 表格中数据计算常用函数

在 Word 制作的表格中，不但可以进行加、减、乘、除计算，还可以利用"布局"选项"数据"组中"公式"对话框中的"粘贴函数"进行计算。

#### 1. 求和函数

= SUM(LEFT)：指的是求当前行左边所有单元格数据之和。

= SUM(ABOVE)：指的是求当前列上边所有单元格数据之和。

#### 2. 求平均值函数

= AVERAGE(LEFT)：指的是求当前行左边所有单元格数据的平均值。

= AVERAGE(ABOVE)：指的是求当前列上边所有单元格数据的平均值。

#### 3. 其他函数

= ABS()：求绝对值函数。

= COUNT()：计数函数。

= INT()：求整函数。

---

## 项目总结

本项目通过网吧建设预算表的制作，介绍了如何在 Word 文档中插入文本、创建数据清单并进行数据计算等知识。项目分三个任务进行，通过这三个任务的完成，学生掌握了插入对象文本、文本转换成表格、表格自动套用格式的方法，并懂得了利用函数功能进行简单的数据计算。

项目设计网吧建设预算表的制作，学生学会了插入对象、文本转换成表格、Word 表格中数据计算的方法，同时项目贴近企业典型工作任务，加强了理论教学与实践操作相结合，提高学生的职业动手能力，再通过巩固练习，起到举一反三的作用。

## 项目评价

### 项目评价表

| 项目名称 | | | | |
|---|---|---|---|---|
| 项目人员 | | | | |
| 评价项目 | 评价内容 | 学生自评 | 小组互评 | 教师评价 |
| 知识 | 掌握插入文件对象的方法 | | | |
| | 掌握文本转换成表格的方法 | | | |
| | 掌握利用函数进行数据计算的方法 | | | |
| | 掌握表格自动套用样式的方法 | | | |
| 技能 | 能利用插入对象功能插入其他文件中的文字 | | | |
| | 能将文本转换成表格 | | | |
| | 能根据表格要求进行数据计算 | | | |
| 情感态度 | 能自主学习，探究项目解决方案 | | | |
| | 能运用本项目知识解决实际问题 | | | |
| | 能与同学友好合作 | | | |
| | 能与同学大胆交流，分享学习成果 | | | |
| 总评 | | | | |

备注：学生自评、小组互评、教师评价的评价标准：A. 优秀　B. 良好　C. 及格　D. 不及格
　　　总评指教师对学生小组成员整体的评价，或是教学反思，采用评语方式。

## 拓展练习

完成本项目的三个任务后，大家已经掌握了表格中数据计算的方法，下面通过巩固练习，进一步熟练操作。

## 练习一　制作学生成绩表

练习一的效果图如图 1-6-7 所示。

### 学生成绩表

| 姓名 | 语文 | 数学 | 英语 | 计算机 | 图像处理 | 总分 | 平均分 |
|------|------|------|------|--------|----------|------|--------|
| 张淑英 | 45 | 78 | 65 | 80 | 75 | | |
| 李云杰 | 87 | 75 | 78 | 45 | 70 | | |
| 林金伟 | 76 | 66 | 99 | 76 | 68 | | |
| 麦　尔 | 50 | 89 | 76 | 53 | 90 | | |
| 陆健康 | 65 | 77 | 83 | 61 | 87 | | |
| 淡少芳 | 72 | 80 | 69 | 36 | 67 | | |
| 总分 | | | | | | | |
| 平均分 | | | | | | | |

图 1-6-7　练习一效果图

步骤提示：

（1）新建 Word 文档，插入一个 8 列 9 行的表格。

（2）输入表格内容。

（3）设置单元格对齐方式为水平对齐。

（4）分别计算出学生个人的总分和平均分，以及单科成绩的总分和平均分。

（5）保存并退出 Word 文档。

## 练习二　制作电脑销售清单

练习二的效果图如图 1-6-8 所示。

### 电脑销售清单
**（贵港市南山电子科技有限公司）**

| 项目／日期 | 商品编号 | 商品名称 | 进价 | 售价 | 销售数量 | 销售总额 | 利润 | 备注 |
|------------|----------|----------|------|------|----------|----------|------|------|
| 一月 | 1146336 | 宏碁 V3-572G-59TB | 3000 | 3699 | 8 | | | |
| | 1225324 | 三星 T530 | 1500 | 2088 | 12 | | | |
| | 1163071 | 三星 TAB S T705 | 3200 | 3788 | 5 | | | |
| | 1076875 | 华硕 M31AD-G3254A1 | 2500 | 2799 | 15 | | | |
| | 996964 | 苹果 iPad mini2 | 1890 | 2580 | 9 | | | |
| | 764136 | MD522CH/A | 3200 | 3599 | 3 | | | |
| 二月 | 1146336 | 宏碁 V3-572G-59TB | 3000 | 2900 | 12 | | | |
| | 1225324 | 三星 T530 | 1500 | 2100 | 20 | | | |
| | 1163071 | 三星 TAB S T705 | 3200 | 3668 | 6 | | | |
| | 1076875 | 华硕 M31AD-G3254A1 | 2500 | 2600 | 22 | | | |
| | 996964 | 苹果 iPad mini2 | 1890 | 2450 | 13 | | | |
| | 764136 | MD522CH/A | 3200 | 3500 | 7 | | | |
| 合计 | | | | | | | | |

图 1-6-8　练习二效果图

步骤提示：

（1）新建 Word 文档，插入一个 9 列 14 行的表格。

（2）绘制斜线表头，输入表格内容。

（3）设置表格属性，将单元格对齐方式为居中对齐。

（4）计算出销售总额和利润列的数据，其中：销售总额 = 售价 × 销售数量；利润 = 销售总额 –（进价 × 销售数量）。

（5）保存并退出 Word 文档。

项目 **1-7**

# 邀请函制作

### 知识目标

· 了解自定义纸张的意义及作用。

· 理解主文档与数据源的概念。

· 了解邮件合并的现实意义。

· 掌握邮件合并的操作步骤。

### 技能目标

· 懂得根据需要设计版面。

· 能利用图文混排的知识美化文档。

· 熟练掌握邮件合并的操作。

· 能将邮件合并功能应用于实际工作。

### 情感目标

· 培养学生审美意识、提高艺术设计能力。

· 培养学生自主学习、自主探究的习惯和创新意识。

· 在交流与合作中培养团队协作精神。

**项目描述 ☞**

　　某汽车有限公司举办周年庆典活动，想邀请一些嘉宾参加，但找不到合适的邀请函，商店里的多数是请柬，且多是结婚典礼或生日宴会所用，不管是版面设计，还是文字安排都无法表达公司的想法，现在请大家发挥想象，运用所学的 Word 知识，为其制作一份精美的邀请函。

**项目分析 ☞**

　　（1）创建邀请函主文档。

　　（2）创建邀请函数据源。

　　（3）邮件合并。

　　（4）预览结果。

**效果展示 ☞**

　　项目完成效果见图 1-7-1。

图 1-7-1　邀请函样图[1]

项目资源所在位置：\办公软件项目教程\项目 1-7。

---

[1] 引自：http://www.lizhi123.net/wenmizhishi/yaoqinghan/106266.html

# 任务 1　创建邀请函主文档

## 【任务实施】

步骤 1　启动 Word 2010 应用程序，新建一个空白文档。

步骤 2　确定邀请函尺寸。在"页面布局"选项卡的"页面设置"组中，单击"启动器"按钮，打开"页面设置"对话框，选择"纸张"选项卡，将"纸张大小"设为"自定义大小"，宽度为"20 厘米"，高度为"16 厘米"；选择"页边距"选项卡，将上、下、左、右边距均设为 1.5 厘米，纸张方向设置为"横向"。（邀请函或请柬一般为横向，如果需要，也可设置为纵向。）

步骤 3　录入相应文本内容，并根据个人喜好设计好其文本格式。

步骤 4　将文档命名为"邀请函"，并保存。

# 任务 2　美化邀请函主文档

## 【任务实施】

步骤 1　添加邀请函背景。在"页面布局"选项卡的"页面背景"组中，单击"水印"按钮，选择"自定义水印"命令，打开"水印"对话框。单击"图片水印"项的"选择图片"按钮，找到素材文件夹中的图片"01.jpg"后，根据图 1-7-2 所示设置缩放比例，去掉"冲蚀"的勾选，单击"确定"按钮，完成邀请函的背景设置。

步骤 2　分别插入"邀"和"请"两个艺术字。在"插入"选项卡的"文本"组中，单击"艺术字"按钮，选取"填充 - 红色，强调文字颜色 2"（第六行第三列）；输入"邀"字，设置好艺术字的样式及颜色（根据个人喜好设置），拖放到合适位置。（以同样方法插入"请"字。）

步骤 3　为邀请函添加图片。在"插入"选项卡的"插图"组中，单击"图片"按钮，找到"素材"文件夹中的"02.jpg"文件，单击"插入"按钮。

步骤 4　编辑图片。选择"02.jpg"图片，在"图片工具"的"格式"选项卡中，单击"图片样式"组中"图片效果"按钮，将"图片效果"设为"柔化边缘"25 磅。

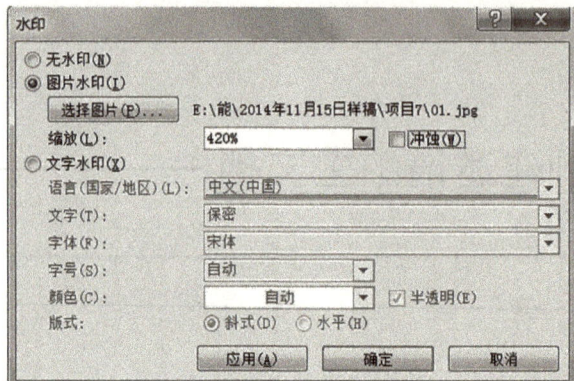

图 1-7-2 "水印"对话框

**步骤 5** 设置图片与文字的环绕方式为"衬于文字下方",并将其拖放到合适位置。（重复步骤 3～步骤 5 分别插入"03.jpg"图片,并将其位置摆放好。）

**步骤 6** 插入自选图形。在"插入"选项卡的"插图"组中,单击"形状"按钮,选取"爆炸形 1",在文档开端处画一个爆炸图形,给图形填充上红色渐变,添加文字"欢迎您……"。

**步骤 7** 为邀请函添加艺术边框。在"页面布局"选项卡的"页面背景"组中,单击"页面边框",在"艺术型"的下拉列表中选取一种样式,单击"确定"按钮。

**步骤 8** 保存并退出文档。

**小技巧**

在文档制作过程如果能够很好地利用自选图形作为装饰,可以增加许多意想不到的效果。

在艺术字的移动过程中也应先设置好艺术字与文字环绕的方式,否则很难移动到合适位置。

## 任务 3 创建数据源文档

**【任务实施】**

**步骤 1** 新建一个空白的 Word 文档,创建一个七列七行的表格。

**步骤 2** 参照图 1-7-3 所示,输入相应数据信息。

| 嘉宾名字 | 公司名称 | 成立年 | 成立月 | 成立年限 | 公司名称 |
|---|---|---|---|---|---|
| 张家妮 | 腾达 | 2009 | 7 | 五 | 腾达 |
| 陈杰辉 | 东风 | 2004 | 7 | 十 | 东风 |
| 杨宇锋 | 万里 | 1999 | 7 | 十五 | 万里 |
| 黄婉清 | 远志 | 2013 | 7 | 一 | 远志 |
| 凌霄志 | 东达 | 2005 | 7 | 九 | 东达 |
| 赵永远 | 凌锐 | 2012 | 7 | 两 | 凌锐 |

图 1-7-3 邀请函数据源

数据源中的内容主要是指主文档中可变化部分，因此数据源文件创建多少行多少列的表格才适宜，要根据主文档所需要数据而定，主文档有多少个地方需要填充，数据源就应建立多少列，行数量根据实际人数而定。

步骤 3　以"邀请函数据源"为文件名保存并退出文档。

# 任务 4　将主文档与数据源链接

## 【任务实施】

步骤 1　打开邀请函主文档。

步骤 2　查找并打开数据源。在"邮件"选项卡的"开始邮件合并"组中，单击"选择收件人"下拉按钮，选取"使用现有列表"命令，在打开的"选取数据源"对话框中，找到并选取"邀请函数据源"，单击"打开"按钮，如图 1-7-4 所示。

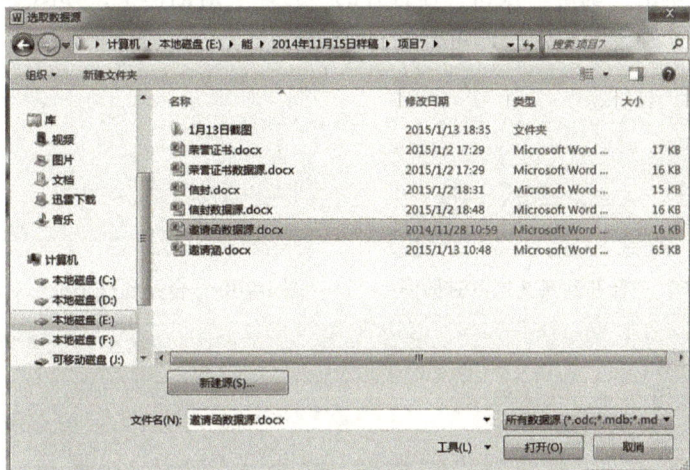

图 1-7-4　"选取数据源"对话框

步骤 3　插入合并域。光标定位于"尊敬的"后面空格位置，在"邮件"选项卡的"编写和插入域"组中，单击"插入合并域"下拉按钮，选取列表中的"嘉宾名字"，如图 1-7-5 所示。单击"插入"按钮，完成一个域的插入。

步骤 4　按照步骤 3 的方法，依次完成其他域的插入。

步骤 5　预览结果。在"邮件"选项卡的"预览结果"组中，单击"预览结果"按钮，如图 1-7-6 所示，将显示第一条数据记录的邮件预览效果，单击导航按钮可以依次预览其余记录的合并效果。

图 1-7-5 "插入合并域"对话框

图 1-7-6 "邮件合并"中的预览结果

**步骤 6** 完成并合并。在"邮件合并"选项卡的"完成"组中，单击"完成并合并"按钮，选取"编辑单个文档"命令，打开"合并到新文档"对话框，如图 1-7-7 所示。选中"全部"项，单击"确定"按钮。

> **小技巧**
>
> 每次插入合并域之前，光标都应定位于需要插入合并域的位置。
>
> 完成合并到新文档的操作后，每一个收件人的信函放在同一篇新文档中，通过保存操作将该文档保存下来，以便日后查阅。

**步骤 7** 若单击"打印文档"，将打开"合并到打印机"对话框，如图 1-7-8 所示。选中"全部"项，单击"确定"按钮，在打开的"打印"对话框中，如图 1-7-9 所示，设置打印参数，单击"确定"按钮，即可开始打印文档。

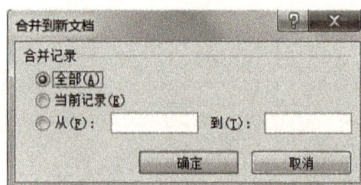

图 1-7-7 "合并到新文档"对话框

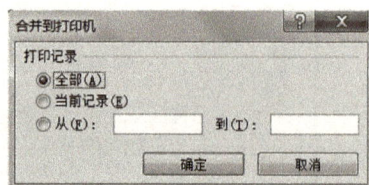

图 1-7-8 "合并到打印机"对话框

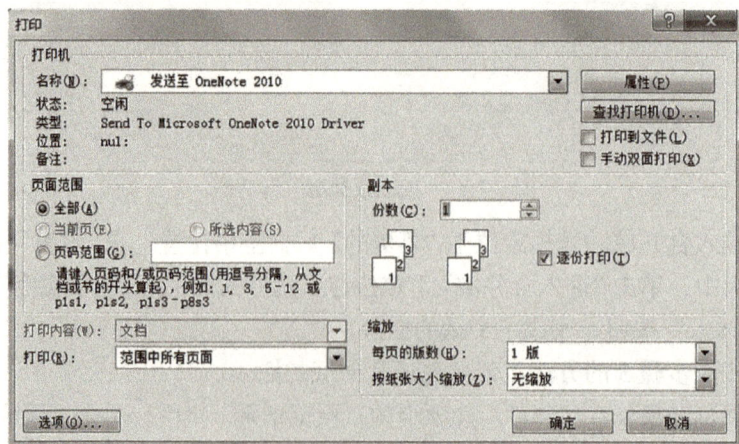

图 1-7-9 "打印"对话框

**【知识链接】**

### 一、邮件合并的一些基本概念

**1. 什么是邮件合并**

将不同的两种文档（主文档和数据源）组合在一起，生成许多相似的文档（合并文档）的方法称为邮件合并[①]。利用此功能除了可以批量处理信函、信封等与邮件相关的文档外，还可以轻松地批量制作标签、工资条、成绩单等，因此大大提高工作效率。

**2. 主文档和数据源**

主文档：是指在 Word 邮件合并操作中，所含文本和图形对合并文档的每个版本都相同的文档，即 Word 文档中内容固定不变的部分，如邀请函中通用部分、信封中寄信人的地址等。

数据源：是指包含要合并到主文档中的信息的文件。数据源是一个文件，该文件包含在合并文档各个副本中不相同的数据，数据源可以是 Microsoft Outlook 联系人列表、Microsoft Access 数据库、Microsoft Excel 工作簿、Microsoft Word 表格，但主文档必须与数据源链接，才能使用数据源中的数据。

**3. 合并域**

告诉去哪里查找存储在数据源中的信息，数据源以合并域的方式与主文档进行组合。

### 二、邮件合并的三步骤

邮件合并的基本过程包括三个步骤：建立文档、创建数据源、数据源与主文档合并。

---

## 项目总结

本项目利用邮件合并的功能完成邀请函的制作，包含四个任务：创建主文档、美化主文档、建立数据源、主文档与数据源链接。内容涉及创建新文档、自定义纸张、图文混排、插入自选图形、艺术字，创建 Word 表格、邮件合并等操作。

项目中邮件合并的神奇功能既能激起学生学习的兴趣，又有很强的实际工作意义。当要同时制作多个相同副本时，利用邮件合并功能，可以大大地提高工作效率。

项目制作一份精美的又能反映公司意愿的邀请函，既切合生活实际需要，又能让学生自由发挥想象空间，调动学习兴趣，通过巩固练习，起到举一反三的作用。

---

① 引自：http://wenku.baidu.com/link?url=MCbaUxKxSp3L5llMGJX6F_VfzaTQBB-ceOJWmQs4aGWBnt14oKnJkXYa2vN
KJX7wlSuc-E3FbE0p-Z1HDkV9MdHQedJFlqjvPlSgTQ-phgG

## 项目评价

**项目评价表**

| 项目名称 | | | | |
|---|---|---|---|---|
| 项目人员 | | | | |
| 评价项目 | 评价内容 | 学生自评 | 小组互评 | 教师评价 |
| 知识 | 了解邮件合并的现实意义 | | | |
| | 理解邮件合并的概念 | | | |
| | 理解主文档与数据源的概念 | | | |
| | 掌握邮件合并的操作方法 | | | |
| 技能 | 能熟练进行邮件合并操作 | | | |
| | 能运用邮件合并功能批量制作毕业证书 | | | |
| | 能举一反三将邮件合并功能运用于实际工作 | | | |
| | 能利用页面背景、艺术边框等进行创意制作 | | | |
| 情感态度 | 能自主学习，探究项目解决方案 | | | |
| | 能运用本项目知识解决实际问题 | | | |
| | 能与同学友好合作 | | | |
| | 能与同学大胆交流，分享学习成果 | | | |
| 总评 | | | | |

备注：学生自评、小组互评、教师评价的评价标准：A. 优秀  B. 良好  C. 及格  D. 不及格
总评指教师对学生小组成员整体的评价，或是教学反思，采用评语方式。

## 拓展练习

完成本项目的四个任务后，大家已经掌握了邮件合并的意义及操作步骤，下面通过巩固练习，进一步熟练操作。

**练习一  制作荣誉证书**

练习一的效果图如图 1-7-10 所示。

步骤提示：

（1）通过自定义纸张设置页面大小为：宽 20 厘米，高 16 厘米；上下左右边距均为 1 厘米。

（2）参照图 1-7-10 录入荣誉证书相关文本并设置好格式。

（3）利用 Word 2010 创建荣誉证书的数据源（数据源的表格包括班级、姓名、获奖项目名称、获奖等级共四列内容，行数自定，可参照图 1-7-11 创建）。

（4）邮件合并并预览结果。

图 1-7-10　"突出显示合并域"的荣誉证书效果图

| 班级 | 姓名 | 项目 | 奖项 |
|---|---|---|---|
| 计算机 133 | 张春雨 | 计算机影视后期制作 | 一 |
| 机电 131 | 苏美男 | 单片机控制与安装 | 二 |
| 数控 131 | 赵阳光 | 单片机控制与安装 | 一 |
| 汽修 132 | 李煜 | 汽车发动维修 | 二 |
| 计算机 131 | 苏醒 | 计算机图像处理 | 三 |
| 计算机 134 | 刘德华 | 计算机二维动画制作 | 二 |
| 电子 131 | 高露洁 | 电子产品装配与调试 | 一 |
| 会计 132 | 刘涛 | 珠心算 | 一 |
| 会计 131 | 甘霖 | 珠心算 | 二 |

图 1-7-11　荣誉证书数据源样图

## 练习二　制作信封

练习二的效果图如图 1-7-12 所示。

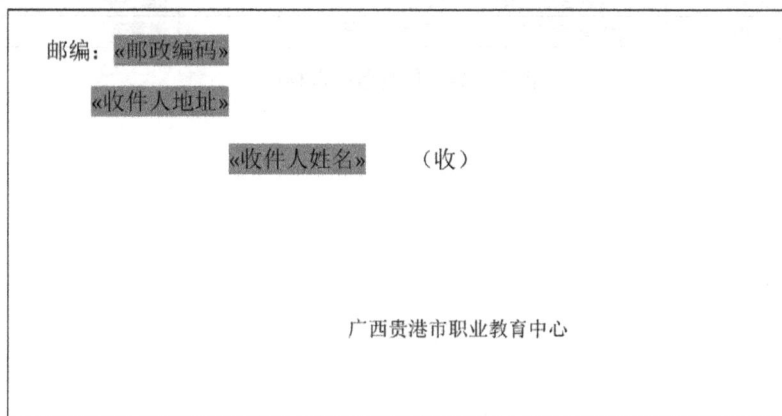

图 1-7-12　"突出显示合并域"的信封效果图

步骤提示：

（1）新建空白文档。

（2）在"邮件"选项卡的"创建"组中，单击"信封"按钮，打开"信封和标签"对话框，参照图1-7-13输入内容，最后单击"添加到文档"按钮，完成信封主文档制作。

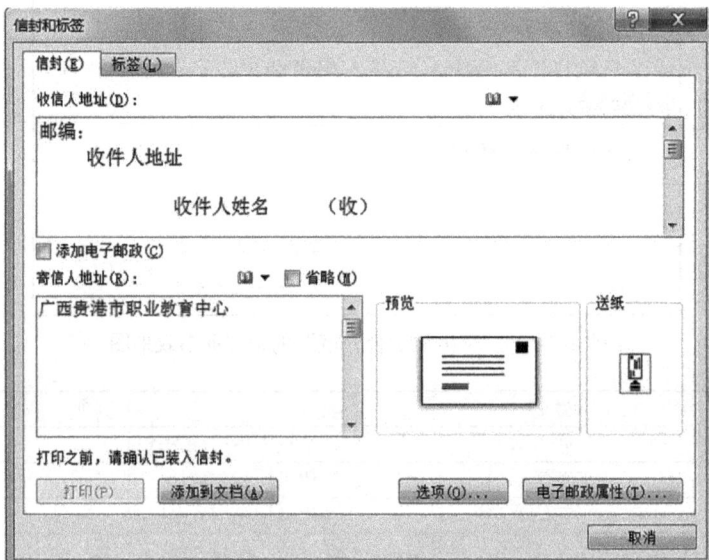

图1-7-13　"信封和标签"对话框

（3）利用Word 2010创建信封的数据源（数据源内容应包括邮政编码、收件人地址、收件人姓名，可参照图1-7-14创建）。

（4）邮件合并。

（5）预览结果。

| 邮政编码 | 收件人地址 | 收件人姓名 |
| --- | --- | --- |
| 537005 | 广西南宁市西乡塘龙达村 | 张俊宇 |
| 332600 | 江西九江县新合镇沙子村 | 赵胜国 |
| 210048 | 江苏南京玄武区梅园新村213号 | 陈达明 |
| 537103 | 广西贵港市港南区八塘镇高岭123号 | 谢意芳 |

图1-7-14　信封数据源样图

# 项目 *1-8*

## 长篇文档编排①

**学习目标** ☞

### 知识目标

- 了解长篇文档编排的方法及现实意义。
- 掌握样式的建立与应用的方法。
- 掌握给标题自动编号的方法。
- 掌握设置首页、奇数页与偶数页不同的页眉和页脚的方法。
- 掌握文档目录生成与更新的方法。

### 技能目标

- 能熟练给长篇文档进行编排。
- 能熟练制作长篇文档的目录及更新目录。

### 情感目标

- 培养学生自主学习、自主探究的习惯。
- 培养学生一丝不苟的工作作风与团队协作精神。
- 积极运用所学知识解决实际问题，在成功的体验中享受学习的快乐！

**项目描述** ☞　　　　××市工业投资有限责任公司委托广西新星科技软件开发有限公司研发一套管理系统，业务主管部门已经拟定出一套OA系统解决方案，现在请大家利用Word 2010文档编排的相关知识，将方案制作成书目形式交给技术部门作参考。

**项目分析** ☞

（1）制作文档封面。

（2）创建并应用新的标题样式。

（3）创建多级标题编号。

（4）自动生成目录及更新目录。

（5）添加不同的页眉和页脚。

**效果展示** ☞　　　　项目完成效果见图1-8-1。

① 本OA系统解决方案引用广西金中软件有限公司提供的素材。

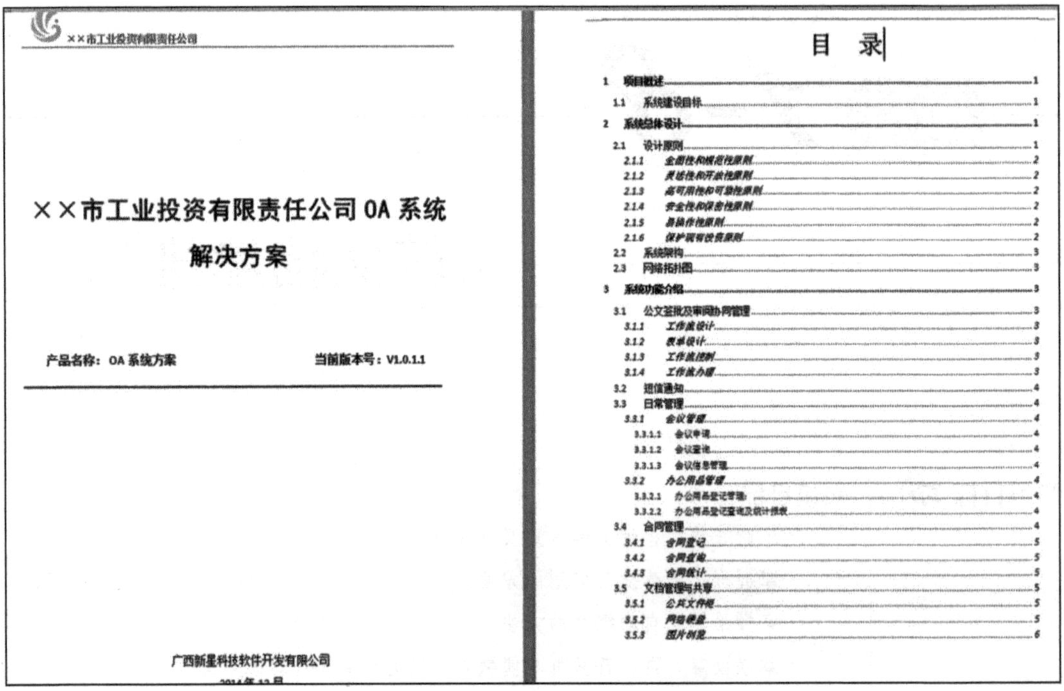

××市工业投资有限责任公司

××市工业投资有限责任公司 OA 系统解决方案

产品名称：OA 系统方案　　当前版本号：V1.0.1.1

广西新星科技软件开发有限公司

目　录

1 项目概述……1
1.1 系统建设目标……1
2 系统总体设计……1
2.1 设计原则……1
2.1.1 全面性和规范性原则……2
2.1.2 灵活性和开放性原则……2
2.1.3 高可用性和可靠性原则……2
2.1.4 安全性和保密性原则……2
2.1.5 易操作性原则……2
2.1.6 保护现有投资原则……2
2.2 系统架构……3
2.3 网络拓扑图……3
3 系统功能介绍……3
3.1 公文签批及审阅协同管理……3
3.1.1 工作流设计……3
3.1.2 表单设计……3
3.1.3 工作流控制……3
3.1.4 工作流办理……3
3.2 短信通知……4
3.3 日常管理……4
3.3.1 会议管理……4
3.3.1.1 会议申请……4
3.3.1.2 会议查询……4
3.3.1.3 会议信息管理……4
3.3.2 办公用品管理……4
3.3.2.1 办公用品登记管理……4
3.3.2.2 办公用品登记查询及统计报表……4
3.4 合同管理……4
3.4.1 合同登记……5
3.4.2 合同查询……5
3.4.3 合同统计……5
3.5 文档管理与共享……5
3.5.1 公共文件柜……5
3.5.2 网络硬盘……5
3.5.3 图片浏览……6

（a） OA 系统方案封面及目录样图

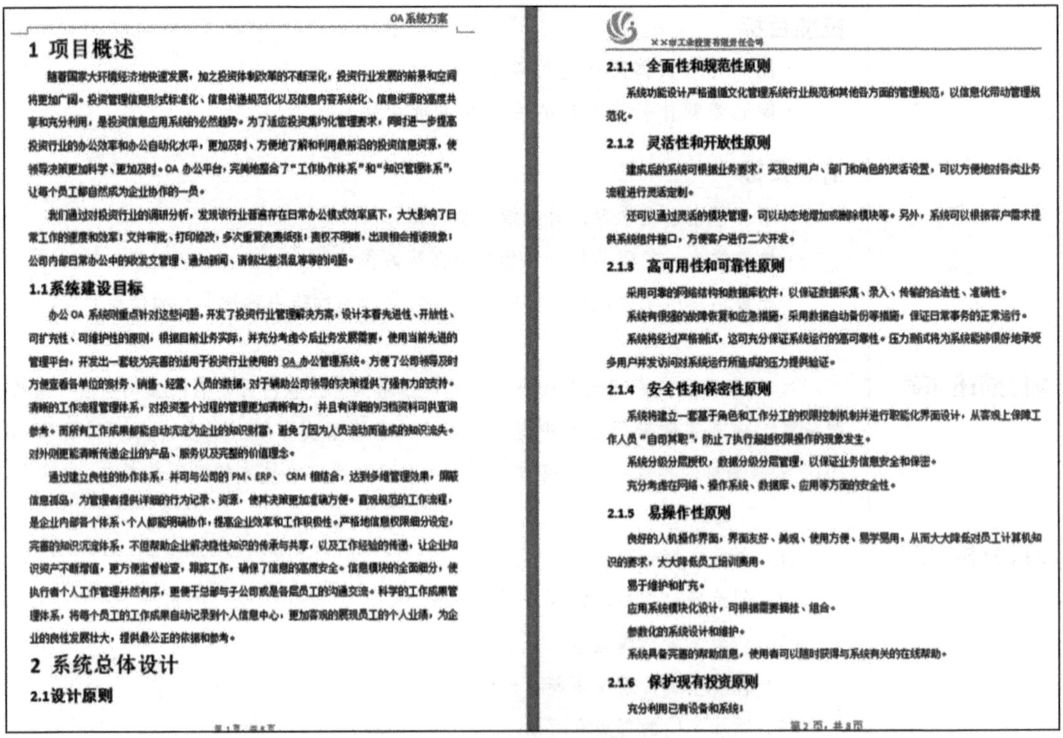

OA 系统方案

1 项目概述

随着国家大环境经济地快速发展，加之投资体制改革的不断深化，投资行业发展的前景和空间将更加广阔。投资管理信息形式标准化、信息传递规范化以及信息内容系统化、信息资源的高度共享和充分利用，是投资信息应用系统的必然趋势。为了适应投资集约化管理要求，同时进一步提高投资行业的办公效率和办公自动化水平，更加及时、方便地了解和利用最前沿的投资信息资源，使领导决策更加科学、更加及时。OA 办公平台，完美地整合了"工作协作体系"和"知识管理体系"，让每个员工都自然成为企业协作的一员。

我们通过对投资行业的调研分析，发现该行业普遍存在日常办公模式效率底下，大大影响了日常工作的速度和效率；文件审批、打印修改，多次重复浪费纸张；责权不明晰，出现相会推诿现象；公司内部日常办公中的收发文管理、通知新闻、请假出差混乱等等的问题。

1.1系统建设目标

办公 OA 系统则重点针对这些问题，开发了投资行业管理解决方案，设计本着先进性、开放性、可扩充性、可维护性的原则，根据目前业务实际，并充分考虑今后业务发展需要，使用当前先进的管理平台，开发出一套较为完善的适用于投资行业使用的 OA 办公管理系统。方便了公司领导及时方便查看各单位的财务、销售、经营、人员的数据，对于辅助公司领导的决策提供了强有力的支持。清晰的工作流程管理体系，对投资整个过程的管理更加清晰有力，并且有详细的归档资料可供查询参考。而所有工作成果都能自动沉淀为企业的知识财富，避免了因为人员流动而造成的知识流失。对外则更能清晰传递企业的产品、服务以及完整的价值理念。

通过建立良性的协作体系，并可与公司的 PM、ERP、CRM 相结合，达到多维管理效果，屏蔽信息孤岛，为管理者提供详细的行为记录、资源，使其决策更加准确方便。直观规范的工作流程，是企业内部各个体系、个人都能明确协作，提高企业效率和工作积极性。严格地信息权限细分设定，完善的知识沉淀体系，不但帮助企业解决隐性知识的传承与共享，以及工作经验的传递，让企业知识资产不断增值，更方便监督检查，跟踪工作，确保了信息的高度安全。信息模块的全面细分，使执行者个人工作管理井然有序，更便于总部与子公司或是各层员工的沟通交流。科学的工作成果管理体系，将每个员工的工作成果自动记录到个人信息中心，更加客观的展现员工的个人业绩，为企业的良性发展壮大，提供最公正的依据和参考。

2 系统总体设计

2.1设计原则

××市工业投资有限责任公司

2.1.1 全面性和规范性原则

系统功能设计严格遵循文化管理系统行业规范和其他各方面的管理规范，以信息化带动管理规范化。

2.1.2 灵活性和开放性原则

建成后的系统可根据业务要求，实现对用户、部门和角色的灵活设置，可以方便地对各类业务流程进行灵活定制。

还可以通过灵活的模块管理，可以动态地增加或删除模块等。另外，系统可以根据客户需求提供系统组件接口，方便客户进行二次开发。

2.1.3 高可用性和可靠性原则

采用可靠的网络结构和数据库软件，以保证数据采集、录入、传输的合法性、准确性。

系统有很强的故障恢复和应急措施，采用数据自动备份等措施，保证日常事务的正常运行。

系统将经过严格测试，这可充分保证系统运行的高可靠性。压力测试将为系统能够很好地承受多用户并发访问对系统运行所造成的压力提供验证。

2.1.4 安全性和保密性原则

系统将建立一套基于角色和工作分工的权限控制机制并进行职能化界面设计，从客观上保障工作人员"自司其职"，防止了执行超越权限操作的现象发生。

系统分级分层授权，数据分级分层管理，以保证业务信息安全和保密。

充分考虑在网络、操作系统、数据库、应用等方面的安全性。

2.1.5 易操作性原则

良好的人机操作界面，界面友好、美观、使用方便、易学易用，从而大大降低对员工计算机知识的要求，大大降低员工培训费用。

易于维护和扩充。

应用系统模块化设计，可根据需要搭挂、组合。

参数化的系统设计和维护。

系统具备完善的帮助信息，使用者可以随时获得与系统有关的在线帮助。

2.1.6 保护现有投资原则

充分利用已有设备和系统；

第 2 页，共 8 页

（b） OA 系统方案正文样图

图 1-8-1　OA 系统方案样图

项目资源所在位置：\办公软件项目教程\项目 1-8。

## 任务 *1* 封面设置

【任务实施】

**步骤 1**　打开"OA 系统解决方案"素材文档，设置页面布局。将页面纸张设为 A4、左右边距为"2.5 厘米"，上下边距为"2 厘米"。

**步骤 2**　将第一页的标题文字设为黑体、一号、加粗，"产品名称"、"当前版本号"设为宋体、小四号、加粗，颜色均设为蓝色（自定义颜色中的红色为 0，绿色为 0，蓝色为 126）；"广西新星科技软件开发有限公司"及日期均设为宋体、小四号。

**步骤 3**　在"产品名称"、"当前版本号"之后添加一条横线加以装饰，增加美化效果。效果如图 1-8-2 所示。

图 1-8-2　"OA 系统方案"封面

# 任务 2 创建和使用样式

## 【任务实施】

步骤 1 选取一级标题文字"项目概述",在"开始"选项卡中单击"样式"对话框启动器按钮,打开"样式"任务窗格,如图 1-8-3 所示。

步骤 2 单击任务窗格中的"新建样式"按钮,打开"根据格式设置创建新样式"对话框,在对话框的"名称"文本框中输入样式名称"一级标题",字体格式设置为宋体、二号、加粗,如图 1-8-4 所示。

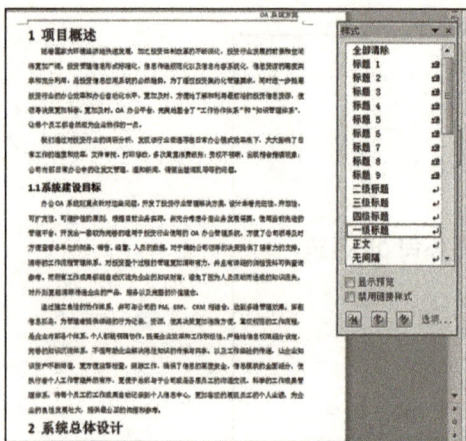

图 1-8-3 "样式"任务窗格　　　　图 1-8-4 "根据格式设置创建新样式"对话框

步骤 3 单击对话框左下角"格式"下拉按钮,选择"段落"菜单命令,打开"段落"对话框,设置对齐方式为"左对齐",大纲级别为"1 级",行距为"2 倍行距",如图 1-8-5 所示。单击"确定"按钮,返回"根据格式设置创建新样式"对话框,再次单击"确定"按钮,完成一级标题的设置。

步骤 4 将光标依次定位于文档中所有应用一级标题的节标题,单击任务窗格样式列表中的"一级标题"样式,则刚才创建的新样式包含的格式均应用到对应的标题上。

步骤 5 依照步骤 2～4 的操作,创建"二级标题"样式,字体格式设为黑体、三号、加粗,段落格式为"左对齐"、大纲级别为"2 级",行距为"1.5 磅",并应用于文档的所有对应节标题。

步骤 6 依照步骤 2～4 的操作,创建"三级标题"样式,字体格式设为宋体、四号、加粗,段落格式为"左对齐"、大纲级别为"3 级",行距为"1.5 磅",并应用于文档的所有对应节标题。

　　**步骤 7**　依照步骤 2～4 的操作，创建"四级标题"样式，字体格式设为宋体、四号，段落格式为"左对齐"、大纲级别为"4 级"，行距为"1.5 磅"，并应用于文档的所有对应节标题。

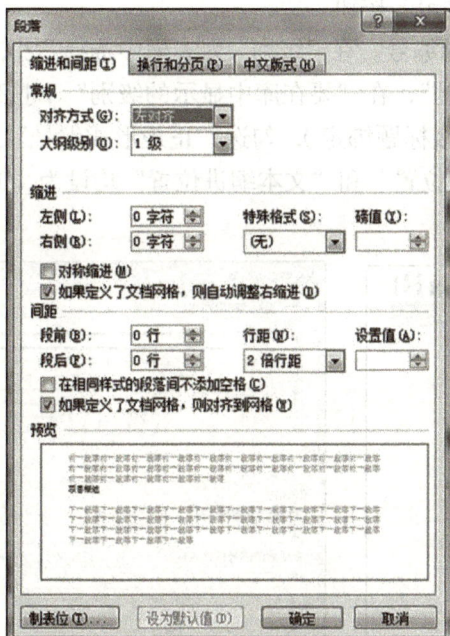

图 1-8-5　"段落"对话框

# 任务 3 创建多级标题编号

## 【任务实施】

> **小技巧**
>
> 　　Word 提供了多级编号功能，其中一级编号用一位数字；二级编号两位数字，第一位数字与一级编号相同，第二位数字表示本节的序号；三级编号用三位数字，第一位数与一级编号相同，第二位数字与二级编号相同，第三位数字表示本节的序号；四级编号用四位数字，第一位数字与一级编号相同，第二位数字与二级编号相同，第三位数字与三级编号相同，第四位数字表示本节序号。

　　**步骤 1**　在"开始"选项卡的"段落"组中，单击"多级列表"按钮，打开列表库，如图 1-8-6 所示。

　　**步骤 2**　设置一级标题编号。单击"定义新的多级列表"命令，打开"定义新多级列表"对话框，单击左下角的"更多"按钮，展开对话框，在级别列表框中选择"1"，在"将级别链接到样式"下拉列表中选择"一级标题"，在"要在库中显示的级别"下拉列表中选择"级别1"（将编号格式与之前设置的一级标题绑定），勾选"正规形式编号"复选框，将编号的对齐方式设置为"左对齐"，"对齐位置"和"文本缩进位置"均设为"0厘米"，如图1-8-7所示，单击"确定"按钮。

**步骤3** 设置二级标题编号。在"级别"列表框中选择"2"，在"将级别链接到样式"下拉列表中选择"二级标题"，在"要在库中显示的级别"下拉列表中选择"级别2"（将编号格式与之前设置的二级标题绑定），勾选"正规形式编号"复选框，将编号的对齐方式设置为"左对齐"，"对齐位置"和"文本缩进位置"均设为"0厘米"，如图1-8-8所示，单击"确定"按钮。

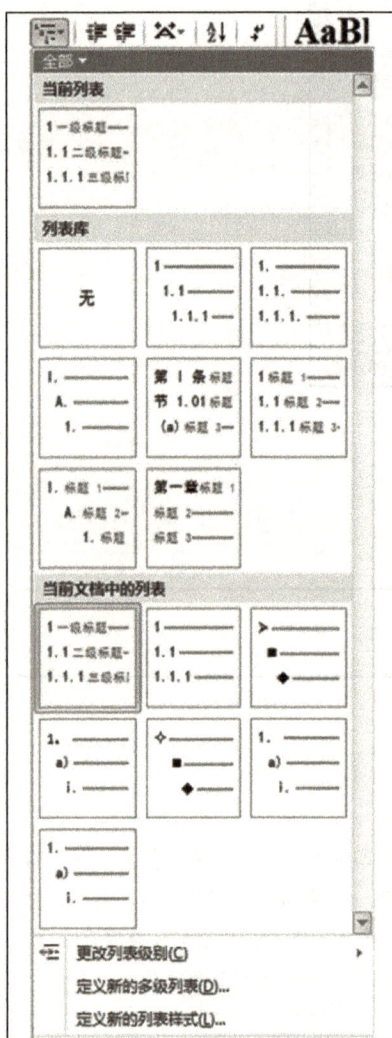

图1-8-6 多级列表库

图1-8-7 对"一级标题"进行编号对话框

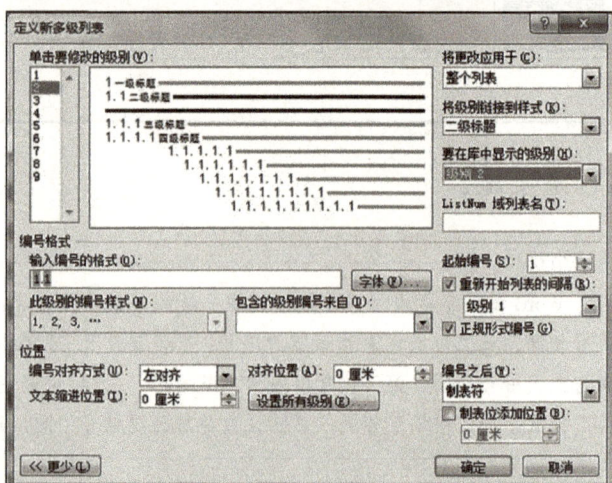

图1-8-8 对"二级标题"进行编号对话框

**步骤4** 设置三级标题编号。在"级别"列表框中选择"3"，在"将级别链接到样式"

下拉列表中选择"三级标题",在"要在库中显示的级别"下拉列表中选择"级别 3"(将编号格式与之前设置的三级标题绑定),勾选"正规形式编号"复选框,将编号的对齐方式设置为"左对齐","对齐位置"和"文本缩进位置"均设为"0 厘米",如图 1-8-9 所示,单击"确定"按钮。

步骤 5　设置四级标题编号。在"级别"列表框中选择"4",在"将级别链接到样式"下拉列表中选择"四级标题",在"要在库中显示的级别"下拉列表中选择"级别 4"(将编号格式与之前设置的四级标题绑定),勾选"正规形式编号"复选框,将编号的对齐方式设置为"左对齐","对齐位置"和"文本缩进位置"均设为"0 厘米",如图 1-8-10 所示,单击"确定"按钮。

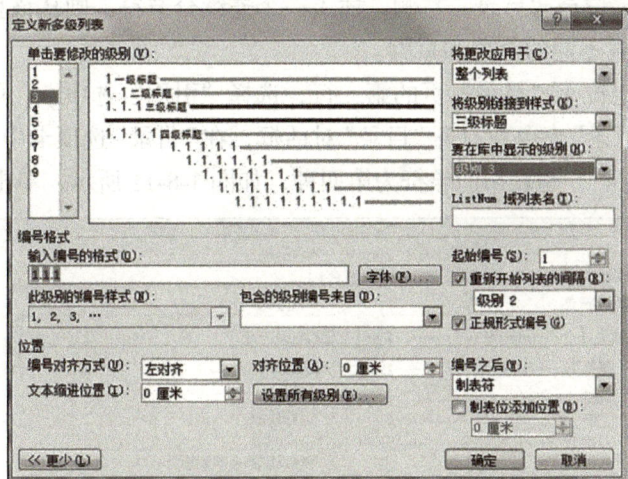

图 1-8-9　对"三级标题"进行编号对话框

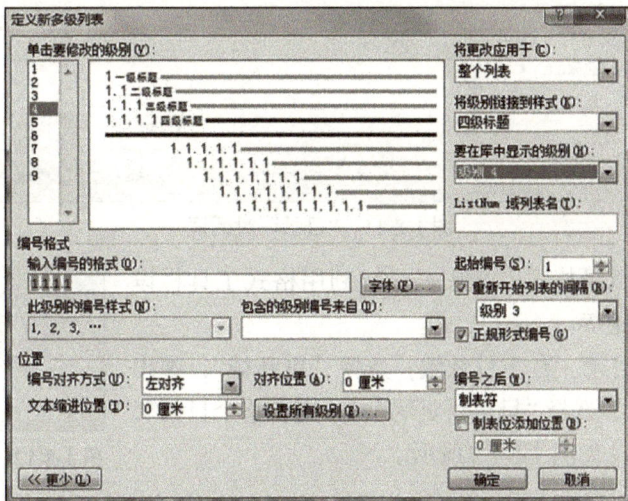

图 1-8-10　对"四级标题"进行编号对话框

步骤 6　设置完成后,单击"确定"按钮,此时文档中所有套用一级标题、二级标题、三级标题、四级标题样式的各级标题之前都将自动添加多级编号,如图 1-8-1 所示。

## 任务 4 自动生成目录

### 【任务实施】

**步骤 1** 在方案封面页后添加一个空白页,并在第一行输入"目录"两个字,设为宋体、一号、加粗,居中对齐。

**步骤 2** 光标定位至"目录"左侧,插入一个连续分节符,则从该页开始与正文内容分为两节,以便设置不同的页眉和页脚。

**步骤 3** 光标定位于"目录"页的第二行,选择"引用"选项卡,单击"目录"下拉按钮,选取"插入目录"命令,打开"目录"对话框,在"目录"选项卡中,将格式设为"正式",显示级别为"4",制表符前导符为第四种,如图 1-8-11 所示,单击"确定"按钮。

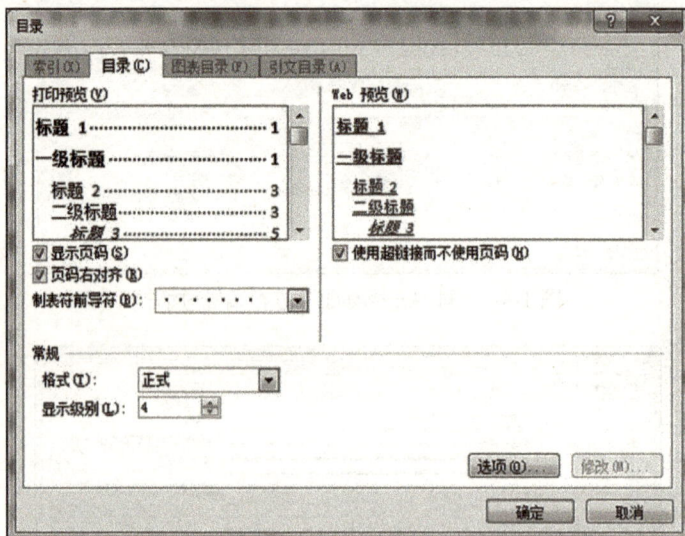

图 1-8-11 "目录"对话框

**步骤 4** 调整目录格式。选中目录,利用格式工具栏设置字体、字号、行距等。

**步骤 5** 更新目录。右击目录域,选择"更新域",弹出"更新目录"对话框,选择"只更新页码"或"更新整个目录",单击"确定"按钮,如图 1-8-12 所示。

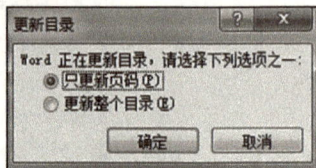

图 1-8-12 "更新目录"对话框

> **小技巧**
>
> 在目录格式设置,可以对整个目录操作,也可以对部分目录进行操作。
>
> 当文档目录编制好以后,如果又对文档进行了修改,导致页码发生了变化,则需要对目录进行更新。

在"更新对话框"中,如果选择"只更新页码",表示保留原来目录的所有格式,只调整目录中的页码;如果选择"更新整个目录",则表示在调整目录中页码的同时,目录格式将恢复到默认设置。

节是文档的一部分,当需要在一个文档的不同部分采用不同的版面时,要对文档进行分节。分节符的类型有下一页、连续、偶数页和奇数页四种。

## 任务 5　为方案添加首页、奇数页、偶数页不同的页眉和页脚

【任务实施】

**步骤 1**　在"页面布局"选项卡的"页面设置"组中,单击右下角的启动器按钮,打开"页面布局"对话框,单击"版式"选项卡,勾选"奇偶页不同"和"首页不同"复选框,如图 1-8-13 所示,单击"确定"按钮。

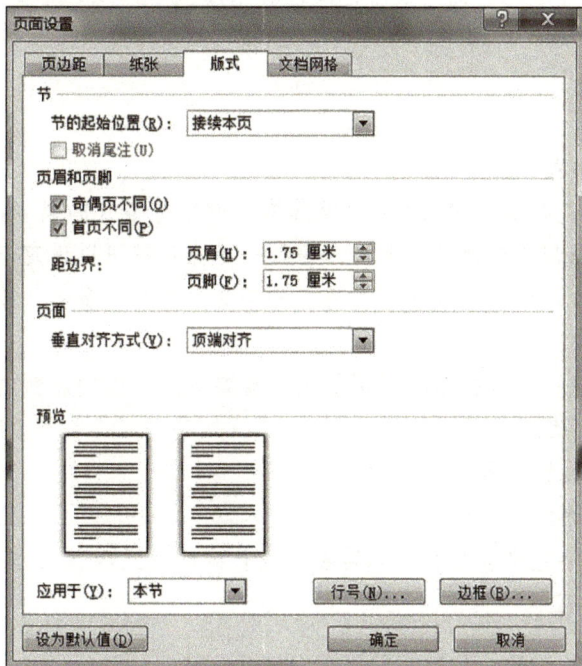

图 1-8-13　"页面设置"对话框

**步骤 2**　在"插入"选项卡的"页眉和页脚"组中单击"页眉"按钮,选择"编辑页眉"命令,进入页眉编辑状态。

**步骤 3**　在封面页的页眉处单击,插入"××市工业投资有限责任公司"图标并输

入公司名称，将字体设为宋体、五号、加粗、左对齐，完成首页页眉的设置。

步骤4　在页眉编辑状态下，单击奇数页页眉处，输入"OA系统方案"字样，将字体设为宋体、五号、加粗、右对齐，完成奇数页页眉的设置。

步骤5　在页眉编辑状态下，单击偶数页页眉处，插入"××市工业投资有限责任公司"图标及公司名称，将字体设为宋体、五号、加粗、左对齐，完成偶数页页眉的设置。

步骤6　在页眉编辑状态下，单击正文第一页页脚处，在"插入"选项卡的"页眉和页脚"组中，单击"页码"按钮，选择"设置页码格式"命令，打开"页码格式"对话框，将起始页码设为"0"，单击"确定"按钮，退出页码格式设置，再单击"页码"按钮，选择"页面底端"中的"加粗显示的数字2"，将页码的格式设置为"第×页，共×页"，并居中对齐，完成奇数页页码的设置，最终效果如图1-8-1所示。

步骤7　参照步骤6的操作完成偶数页页码的设置。

## 【知识链接】

### 一、自定义颜色设置

选取要设置的文字，单击"字体"工具组中的"字体颜色"下拉按钮，选择"其他颜色"，弹出"颜色"对话框，选择"自定义"选项，输入相应参数即可。

### 二、认识样式

#### 1．内置标题样式

内置标题样式是存储在Word中的段落格式或字符格式的集合，利用它可以快速改变文本的外观。当应用标题样式时，只需要一步操作就可以设定一系列格式，例如，使用"标题1"样式，即可将文档设置为二号字体、加粗、多倍行距等效果。

#### 2．自定义样式

当Word中提供的内置标题样式不能满足需要时，可以创建新的自定义样式。

#### 3．采用样式的优点

（1）可以节省设置各种文档的时间。

（2）可以确保格式的一致性。

（3）改变文本格式更加容易。只需要更改样式的定义，就可以一次性改变所有相同样式的文本。

### 三、取消第二节与前一节页眉和页脚链接的操作

选中第二节的页眉，单击"页眉和页脚工具"选项中"链接到前一条页眉"按钮，即可取消与前一节页眉的链接，从而实现对首页页眉或目录页页眉的自由设置，如图1-8-14所示。

同理，选中第二节的页脚下，单击"页眉和页脚工具"选项中"链接到前一条页

眉"按钮，即可取消与第一节页眉的链接，从而实现对首页页脚或目录页页脚的自由设置。

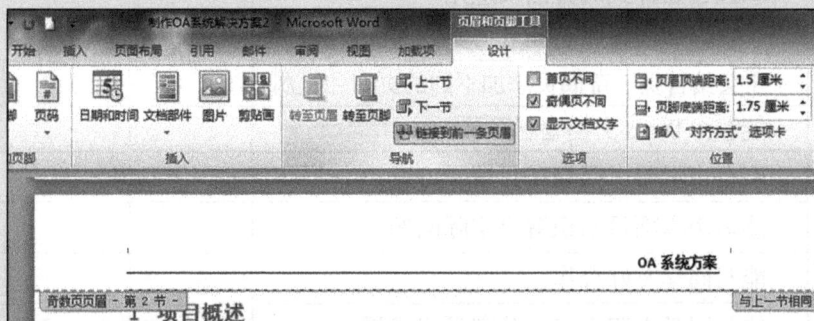

图 1-8-14　取消"链接到前一条页眉"的操作

## 项目总结

本项目通过 OA 系统方案的编排，学习长篇文档的排版知识，项目分五个任务完成：封面设置，创建和使用样式，创建多级标题编号，自动生成目录，给首页、奇偶页设置不同的页眉和页脚。其中涉及创建新样式、应用新样式、多级编号的设置及应用、自动生成目录、更新目录、设置首页、奇偶页不同页眉和页脚等操作。

长篇文档的编排是企业策划方案中常见的工作任务，在排版要求上不但要规范，并且具有特定的编排技巧，项目的选择既贴近工作需要，又有很强实际工作意义。通过巩固练习，起到举一反三的作用，提高动手操作能力。

## 项目评价

### 项目评价表

| 项目名称 | | | | |
|---|---|---|---|---|
| 项目人员 | | | | |
| 评价项目 | 评价内容 | 学生自评 | 小组互评 | 教师评价 |
| 知识 | 了解长编文档编排的方法及现实意义 | | | |
| | 理解样式的含义及作用 | | | |
| | 理解自动编号的作用与意义 | | | |
| | 了解编制首页、奇偶页不同页眉和页脚的方法及实际意义 | | | |
| | 了解目录创建的过程与方法 | | | |

续表

| 评价项目 | 评价内容 | 学生自评 | 小组互评 | 教师评价 |
|---|---|---|---|---|
| 技能 | 掌握创建样式的方法及应用 | | | |
| | 学会给多级标题自动编号 | | | |
| | 学会给首页、奇偶页添加不同的页眉和页脚 | | | |
| | 能够为 Word 文档编制目录 | | | |
| 情感态度 | 能自主学习，探究项目解决方案 | | | |
| | 能运用本项目知识解决实际问题 | | | |
| | 能与同学友好合作 | | | |
| | 能与同学大胆交流，分享学习成果 | | | |
| 总评 | | | | |

备注：学生自评、小组互评、教师评价的评价标准：A.优秀　B.良好　C.及格　D.不及格
　　　总评指教师对学生小组成员整体的评价，或是教学反思，采用评语方式。

—————————— 拓展练习 ——————————

完成本项目的五个任务后，大家已经掌握了长篇文档编排的方法及操作步骤，下面通过巩固练习，进一步熟练操作。

**练习　编排项目评估报告**

练习的效果图如图 1-8-15（a）、（b）所示。

步骤提示：

（1）封面设置。

（2）创建并应用样式。

（3）给标题自动添加编号。

（4）自动生成目录。

（5）添加不同的页眉和页脚。

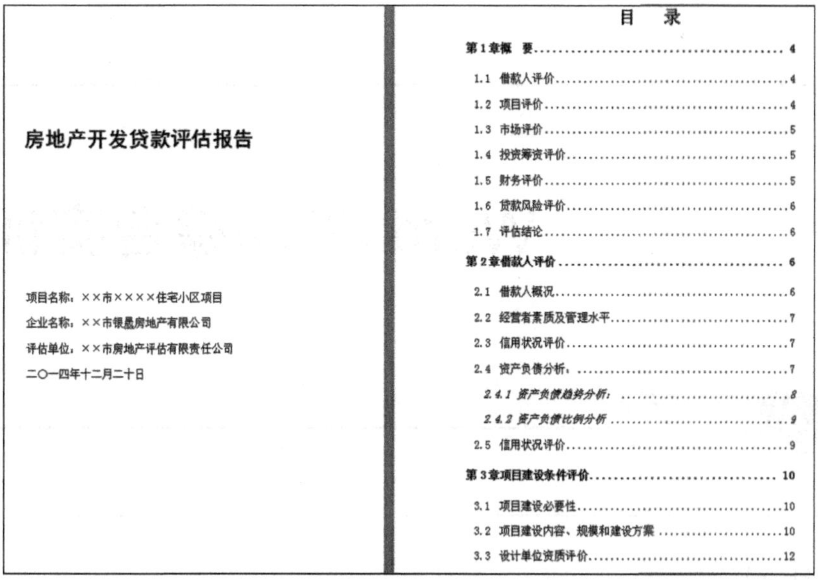

房地产开发贷款评估报告

项目名称：××市×××住宅小区项目
企业名称：××市银墨房地产有限公司
评估单位：××市房地产评估有限责任公司
二〇一四年十二月二十日

**目　　录**

（a）项目评估报告封面及目录效果图

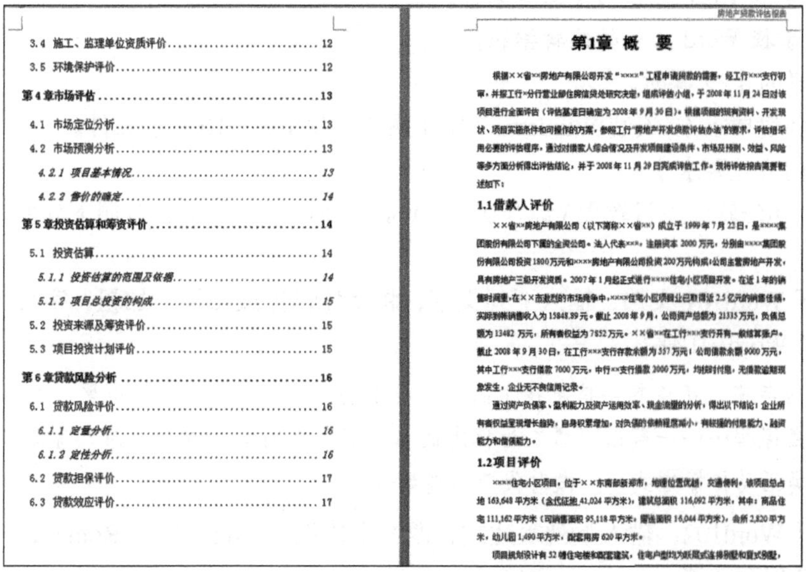

房地产贷款评估报告

**第 1 章 概　要**

根据××省××房地产有限公司开发"××××"工程申请间款的需要，经工行×××支行初审，并报工行×分行营业部住房信贷处研究决定，组织评估小组，于 2008 年 11 月 24 日对该项目进行全面审查（评估基准日暂定为 2008 年 9 月 30 日）。根据调阅的预测资料、开发现状、现阶段施工状况与按现行的方案，参照工行"房地产开发贷款评估办法"的精神，评估组采用企业现行评估程序，通过对借款人综合信誉及开发项目建设条件、市场及预测、效益、风险等多方面分析得出评估结论，并于 2008 年 11 月 29 日完成审核工作。预将评估报告有关具体情况分述如下：

**1.1 借款人评价**

××房地产有限公司（以下简称××省××）成立于 1999 年 7 月 22 日，是××集团股份有限公司下属的全资子公司。法人代表×××，注册资本 2000 万元，分别由×××集团股份有限公司投资 1800 万元和×××房地产有限公司投资 200 万元构成，公司主营房地产开发，具有房地产三级开发资质。2007 年 1 月起正式运作，住宅小区项目开发，在近 1 年的销售时间里，从××高起的市场角中，×××住宅小区项目销售已取得建筑 2.5 亿元的销售佳绩，实现销售额收入为 13848.89 元，截止 2008 年 9 月底，公司商户总额为 21333 万元，负债总额为 13482 万元，所有者权益为 7852 万元。××省在工行×××支行工开户一般结算账户，截止 2008 年 9 月 30 日，在工行×××支行存款余额为 557 万元，公司借款余额 9000 万元，其中工行×××支行借款 7000 万元，中行×××支行借款 2000 万元，均按时付息，无偿款逾期现象发生，企业无不良信用记录。

通过资产负债率、盈利能力及资产运用效率、现金流量的分析，得出以下结论：企业所有者权益呈现快速增加，自身权益增加，对负债的依赖程度减小，有较强的付息能力、融资能力和偿债能力。

**1.2 项目评价**

×××住宅小区项目，位于××东南郊新都市，地理位置优越，交通便利。该项目占地 163,648 平方米（含代征地 41,024 平方米），建筑总面积 116,092 平方米；其中：商品住宅 111,162 平方米（可销售面积 95,118 平方米）、配电间房 14,044 平方米，会所 2,820 平方米，幼儿园 1,490 平方米，配套商用房 620 平方米。

项目规划设计有 32 幢住宅楼和配套建筑，住宅户型以以及风格式适合群体及贴式多层。

（b）项目评估报告目录及正文效果图

**图 1-8-15　项目评估报告效果图**

# Word 2010综合实训

## 综合实训 *1*

【实训目的】

· 熟练掌握 Word 文档的建立和保存。

· 熟练掌握 Word 文档的编辑排版。

【实训学时】 2 课时。

【实训环境要求】 安装 Windows 7 操作系统，Office 2010 办公软件。

【实训内容及要求】

打开"办公软件项目教程\综合实训\Word 实训 1"文件夹，按照下列要求完成操作并保存。

1. 打开 Word101 文档，输入下列文字，将字体设置成黑体、加粗、字号为四号，并以原文件名 Word101 保存。

近两年来，随着数字信息技术的进一步发展，微博、微信、微电影、微小说、微课堂、微课程……一簇以"微"为标志的名词悄然在网络上流行，铺天盖地，一个全新的人类活动传播方式——微时代悄悄地到来了。

2. 打开 Word102，输入下列表达式，西文字体设为 Times New Roman，并以该文件名 Word102 保存文档。

$$H_2O$$
$$2H_2+O_2=2H_2O$$
$$3a^2-ab-b^2$$

3. 打开 Word103 文档，按下列要求完成对此文档的操作，并以该文件名 Word103 保存文档。

（1）将标题段文字（"京巴犬"）设为黑体、小二号，居中对齐。

（2）将第二段文字与第三段文字的位置对调。

（3）给第一段文字（"京巴犬又称宫廷狮子狗……优雅或精致"）加上着重号。

（4）将第四、五段文字设为相等的两栏，栏宽 18 个字符，栏间加分隔线。

（5）给最后两段文字（"外国人了解到此犬……因此而得名"）加上 1.5 磅的红色边框线，底纹设置为"白色、背景 1、深色 5%"。

（6）在第一段文字左侧插入一张小狗图片，并设置文字环绕方式为"四周型环绕"，最终效果如图 1-Z1 所示。

# 京巴犬

京巴犬又称宫廷狮子狗、北京犬，是中国古老的犬种，已有四千年的历史。京巴犬是一种平衡良好，结构紧凑的狗，前躯重而后躯轻。它有个性，表现欲强，其形象酷似狮子。它代表的勇气、大胆、自尊更胜于漂亮、优雅或精致。

凡是小型玩赏犬向来和王室贵族关系较深，北京犬也不例外。北京犬曾经被视为中国宫廷里神圣的动物。

京巴犬起源于中国，长久以来一直作为皇宫的玩赏犬，在历代王朝中均备受宠爱。由于长期深禁宫廷环境之中，使京巴犬保持了难能可贵的纯正动物血统，同时也带上几分高雅神秘的贵族色彩。

历代皇室为了满足自己的需要，不断对这种狗进行改良。为了让它不想远走而总在皇帝周围活动，他们让狗的前腿弯曲；为了让犬落地无声，他们培育狗狗脚尖有羽状毛；而为了体现京巴犬的尊贵和独一无二，他们要求狗狗的毛色金黄与皇帝的衣服相一致。虽然在 AKC 标准中任何颜色的京巴犬均能接受，并在犬展中一视同仁，但确实以金黄色被毛的京巴犬最为名贵。

数百年来，宦官负起保留京巴犬血统纯正的责任，制定了严格的育种标准。所以，一直到现在，京巴犬和它们祖先的容貌特征没有太大的差异。

外国人了解到此犬是 1860 年，英法联军入侵，在皇宫的帷帘后面找了 5 只京巴犬并带回英国。据说，这 5 只京巴犬颜色各不相同，其中一只有浅黄褐色和白色两种颜色的犬被献给了维多利亚女王，女王对其非常喜爱。

直到 1893 年，京巴犬才在英国展出。洛夫吐斯阿兰夫人在切斯特犬展上展出了一只京巴犬，以其惊人的美丽和传奇的历史成为最引人注目的焦点。这只犬在欧美京巴犬最早的发展中起到了重要作用。同时，因为这种犬是被人从北京带到英国的，"京巴犬"因此而得名。

图 1-Z1　综合实训 1 效果图[①]

① 引自：http://baike.baidu.com/link?url=jsW59_TE-9hlFbgTtYQtkHXeM11_qTwUqaBWJy0bE7WRWtYcshc4dxY0Yf1kGw EQGqjKV-nPDZgzJ0kf7Lp3miQB32zqsPeo2hhOL4_BQpNCGaT2y-tkFCQVzAgV_XgY0a0mWmmNut9ba4YmRDHkPaiUEPgQY vwc2sR8tHToYCO；http://baike.sogou.com/v716923.htm

## 综合实训 2

【实训目的】

·熟练掌握文档格式化操作。

·熟练掌握页面设置。

【实训学时】 2课时。

【实训环境要求】 安装 Windows 7 操作系统，Office 2010 办公软件。

【实训内容及要求】

打开"办公软件项目教程\综合实训\Word 实训 2"中的 Word102 文档，按照下列要求完成对该文档的操作并保存。

利用插入对象的功能，将 Word 实训 2 中的 Word101 文档插入 Word102 文档中，并按下列要求对其进行操作，以该文件名 Word102 保存。

（1）将标题段（圣诞节的由来及世界各国习俗）文字设为"华文行楷"、二号、居中对齐，加上 1.5 磅红色阴影边框，并将底纹设为"水绿色、强调文字颜色 5、淡色 80%"。

（2）正文每段首行缩进两个字符，1.5 倍行间距，设置页面纸张为 A4，上下边距 2.5 厘米，左右边距为 3.17 厘米。

（3）给第三段文字添加红色波浪线。

（4）利用替换功能，将文中除了标题外的"圣诞节"三个字设为"倾斜、加粗、加着重号"。

（5）给页面添加"圣诞节"文字水印。

（6）给页面插入页眉，页眉内容为：班级：×××× 姓名：×××；在页面底端插入"普通数字 2"样式页码，页码格式设为"Ⅰ、Ⅱ、Ⅲ……"，起始页码为"Ⅳ"。

（7）给最后四段文字添加项目符号"◆"，最终效果如图 1-Z2 所示。

班级：　　　　姓名：

# 圣诞节的由来及世界各国习俗

圣诞节对于全世界的基督徒来说是一个非常盛大而且庄重的节日，相传这一天，是耶稣诞生的日子，圣母玛利亚在马棚里诞下耶稣，耶稣为世人救赎，流血被钉上十字架，世人为了纪念耶稣为拯救世人所付出的一切，于是把他的诞生之日十二月二十五日定为圣诞节，之后的多年，各种圣诞老人的形象、圣诞树的造型等逐渐兴起，圣诞节也开始在世界范围内变得更加流行起来，但是圣诞节对于基督徒来说所赋予的神圣色彩却与一般人的感受不同。

圣诞老人是在圣诞节前夕给世人送礼物的神秘人，传说，每年圣诞节的前夕圣诞老人都会驾着驯鹿雪橇，通过烟囱进入到居民的房中，把神秘的礼物放到孩子们准备的长筒袜里，圣诞节当天早上，孩子们都会为收到神秘精彩的礼物而欢喜雀跃。

圣诞节最重要的意义是讲"饶恕"与"和好"，而非等待圣诞礼物。在这宁静的夜晚，想一想有没有人得罪你，你还没原谅他、饶恕他呢？

圣诞节的时候，人们会在自己的起居室里装扮上美丽的圣诞树，烘托出欢乐喜气的节日气氛，上面挂上各种精致的小彩灯、小礼物，相传，在很久以前，有位饥饿的农人，遇到一位穷苦的孩子，小孩子把仅有的面包拿来和农人一起分享，为了感谢小孩的热情招待，农人临走前送给孩子一根松枝，孩子天天浇水，松枝变成一颗美丽的大树，上面挂满了各种礼物，作为对孩子慷慨相助的回报。

◆法国　法国中部的色日尔斯地方，每年圣诞节前后几天必降大雪，白雪皑皑，令人清新。在西方人眼里，白色圣诞是一种吉祥。在法国，马槽是最富有特色的圣诞标志，因为相传耶稣是诞生在马槽旁的。人们大唱颂赞耶稣的圣诞歌之后，必须开怀畅饮，香槟和白兰地是法国传统的圣诞美酒。

◆美国　美国人过圣诞节着重家庭布置，安置圣诞树，在袜子中塞满礼物，吃以火鸡为主的圣诞大菜，举行家庭舞会。

◆瑞士　瑞士人在圣诞节前4个星期，就将4支巨型的蜡烛点燃，放在由树枝装饰成的一个环里，每周点1支，当点燃第4支后，圣诞节就到了。

◆芬兰　芬兰在12月圣诞节前后，漫山遍野都是怒放的紫罗兰，摘映在白色的大地上，望去一片紫红色，紫色圣诞使人心旷神怡。

IV

图 1-Z2　综合实训 2 效果图[1]

---

[1] 引自：http://goabroad.xdf.cn/201412/10180713.html；http://www.diyifanwen.com/fanwen/shengdanjie/1211121832008934.htm

# 综合实训 3

【实训目的】

· 熟练掌握文本转换成表格、表格属性设置等操作。

· 进一步巩固文档格式化、给文本分栏、分节、添加页眉和页脚等操作。

【实训学时】 2 课时。

【实训环境要求】 安装 Windows 7 操作系统，Office 2010 办公软件。

【实训内容及要求】

打开"办公软件项目教程 \ 综合实训 \Word 实训 3"中的 Word 文档，按照下列要求完成对此文档的操作并保存。

（1）将文中"最优前五项"与"最差五项"之间的六行和"最差五项"后面的六行文字分别转换为两个六行三列的表格。设置表格居中，表格中所有文字中部居中。

（2）将表格各标题段文字（"最优前五项"与"最差五项"）设置为四号蓝色黑体、居中、红色边框、黄色底纹；设置表格所有框线为 1.5 磅蓝色单实线，最终效果如图 1-Z3 所示。

教师满意度调查报告

### 最优前五项

| 条目 | 内容 | 均值 |
|------|------|------|
| 8 | 看到同事有困难的 | 4.17 |
| 6 | 和同事工作的氛围 | 4.11 |
| 18 | 教师这个身份带来自豪的感觉 | 4.11 |
| 12 | 对自己的研究课题感兴趣吗 | 4.06 |
| 1 | 学校有鲜明的特色吗 | 4.00 |

### 最差五项

| 条目 | 内容 | 均值 |
|------|------|------|
| 10 | 感到自己得不到重用 | 3.17 |
| 14 | 周围的硬件设施能满足你课题研究的要求吗 | 2.89 |
| 15 | 课题研究能得到足够的经费吗 | 2.83 |
| 13 | 在本学校申请研究课题难度大吗 | 2.56 |
| 17 | 你感到工作累吗 | 2.33 |

图 1-Z3 综合实训 3 效果图

（3）设置页眉为"教师满意度调查报告"，字体为小五号宋体。

（4）插入分页符，将最后一段（"从单项条目上看……教师的工作量普遍偏大。"）放在第二页，利用替换功能把此段出现的"排在前五位"和"最差五项"文字加下划线（单实线）。

（5）将最后一段（"从单项条目上来看……教师的工作量普遍偏大。"）分成三栏，栏宽相等，栏间加分隔线，最终效果如图 1-Z4 所示。

图 1-Z4　综合实训 3 效果图

## 综合实训 4

【实训目的】

- 继续加强文档格式化操作。
- 熟练掌握给文字段落添加底纹、页面背景颜色设置、替换字符、添加脚注等操作。
- 加强文本转换成表格、表格属性设置、表格数据排序、表格边框线等操作。

【实训学时】　2 课时。

【实训环境要求】　安装 Windows 7 操作系统，Office 2010 办公软件。

【实训内容及要求】

1. 打开"办公软件项目教程 \ 综合实训 \Word 实训 4"中的 Word101 文档，按照下列要求完成对此文档的操作并保存。

（1）将标题段（"Windows 2000 操作系统介绍"）文字设置为二号蓝色（标准色）空心黑体、加粗居中对齐，并添加黄色底纹。

（2）将文中所有错词"本版"替换为"版本"，将页面颜色设置为渐变填充，"雨后初晴"预设颜色、底纹样式为"斜上"。

（3）设置正文（"Windows 2000 是……数据处理。"）各段落中的所有中文文字为小四号楷体、西文文字为小四号 Arial 字体；各段落首行缩进 2 字符，段前间距 0.5 行，行距为 1.5 倍。

（4）在第二段文字的"Datacenter Server"后面添加脚注，脚注内容为"Datacenter Server 是 Windows 2000 发布时最强大的服务器系统，可以支持 32 路 SMP 系统和 64GB 的物理内存。"。最终效果如图 1-Z5 所示。

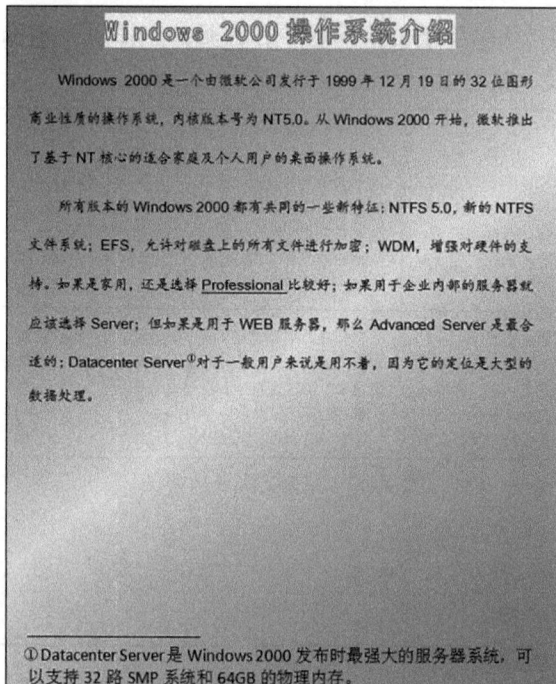

图 1-Z5　综合实训 4 效果图[1]

2. 打开"办公软件项目教程\综合实训\Word 实训 4"中的 Word102 文档，按照下列要求完成对此文档的操作并保存。

（1）将文中最后 9 行文字转换成一个 9 行 4 列的表格，设置表格居中，并按"涨跌额"列降序排序表格内容。

（2）将表格中的第 1 行和第 1 列文字中部居中，其余各行各列文字中部右对齐。

（3）设置表格列宽为 3 厘米、行高 0.65 厘米，表格所有框线为红色 1 磅单实线。

（4）标题设为三号（自定义标签的红色为 0、绿色为 0、蓝色为 225）黑体、加粗居中对齐，最终效果如图 1-Z6 所示。

**2014 年 12 月 25 日全球主要市场指数一览表**

| 指数名称 | 最新价 | 涨跌额 | 涨跌幅 |
|---|---|---|---|
| 中国深证成指 | 10493.78 | 201.26 | 1.96% |
| 中国上证指数 | 3072.54 | 100.00 | 3.36% |
| 纳斯达克指数 | 4773.47 | 8.05 | 0.17% |
| 韩国指数 | 1946.61 | 7.59 | 0.39% |
| 道琼斯指数 | 18030.21 | 6.04 | 0.03% |
| 加拿大指数 | 14607.31 | 5.32 | 0.10% |
| 荷兰 AEX 指数 | 425.57 | -1.20 | -0.28% |
| 瑞士市场指数 | 9021.67 | -11.78 | -0.13% |

图 1-Z6　综合实训 4 效果图[2]

[1] 引自：http://baike.baidu.com/link?url=gsNR0WO4vjvDHQfWO_Vuj00bPK51PCV9GCXpSxQNnfctZMS_8gX2MXDtblAb5W8oUN21gVZYe_oh-ku8_gKJj_

[2] 引自：http://summary.jrj.com.cn/global/zygs.shtml

综合实训 5

【实训目的】

· 熟练掌握在 Word 文档中创建表格、编辑修改表格的基本操作。

· 进一步熟练表格属性设置、给表格添加不同边框和底纹等操作。

· 熟练掌握表格中数据的计算及排序。

【实训学时】 2 课时。

【实训环境要求】 安装 Windows 7 操作系统，Office 2010 办公软件。

【实训内容及要求】

打开"办公软件项目教程\综合实训\Word 实训 5"文件夹，按照下列要求完成操作并保存。

（1）打开 Word101 文档，插入一个 5 列 6 行的表格。

（2）修改表格：合并第一列第 1、2 行的单元格，给合并后的单元格添加一条红色 0.75 磅单实线对角线；合并第一行第 2、3、4 列单元格；合并第六行第 2、3、4 列单元格，将合并后的单元格拆分为 2 列。

（3）设置表格列宽为 2.8 厘米、行高 0.75 厘米，表格居中；设置外框线为 1.5 磅红色双窄线、内框线为 1 磅红色单实线，第二、三行之间的表格线为 1.5 磅红色单实线。

（4）设置表格第一、二行为蓝色（自定义标签的红色为 0、绿色为 0、蓝色为 250）底纹，最终效果如图 1-Z7 所示。

图 1-Z7　综合实训 5 效果图

（5）打开 Word102 文档，参照图 1-Z8 所示工资表创建一个 5 列 7 行的表格。

（6）计算每个员工的工资总额（工资总额＝基本工资＋职务工资＋岗位津贴）及"基本工资、职务工资、岗位津贴、工资总额"的平均值（利用平均函数：=AVERAGE(ABOVE) 进行计算）。

（7）按"基本工资"列升序排列表格前六行内容。

**公司员工工资表**

| 职工姓名 | 基本工资 | 职务工资 | 岗位津贴 | 工资总额 |
|---|---|---|---|---|
| 孙小英 | 650 | 800 | 560 | |
| 李绍杰 | 450 | 400 | 740 | |
| 杨尚维 | 530 | 760 | 620 | |
| 赵吉霖 | 350 | 780 | 520 | |
| 吴少群 | 450 | 500 | 550 | |
| 平均值 | | | | |

图 1-Z8   综合实训 5 效果图

# 第2篇
# Excel 2010 电子表格处理

　　Excel 2010 是一个通用的电子表格软件，主要用于电子表格方面的各种应用。利用该软件，不仅可以制作精美的电子表格，还可以方便地对各种数据进行组织、计算和分析，方便地制作复杂的图表和财务报表。因此，Excel 2010 功能强大，操作简单，界面友好，它具有人工智能的特性，深受广大用户的喜爱。

　　本模块将制作员工信息表、元旦节目单、产品销售额统计表、员工工资表、产品销售情况分析表及销售业绩图表六个项目，通过这几个项目的学习，将全面掌握 Excel 2010 工作簿创建的基本知识，工作表的编辑、修改，数据的计算、统计等，并用这些知识来解决工作和生活中的实际问题。

## 项目设置

| 项目名称 | 项目知识要点 | 参考学时 |
|---|---|---|
| 项目 2-1　员工信息表制作 | 认识工作簿、工作表与当前工作表，单元格与活动单元格；工作簿的创建、保存、打开与关闭；工作表的命名、插入、移动与删除；数据的录入与数据的填充 | 4 |
| 项目 2-2　元旦节目单制作 | 单元格格式的设置，包括字体、文本对齐方式、单元格的边框和底纹设置、行高和列宽的设置和页面的设置 | 4 |
| 项目 2-3　产品销售额统计表制作 | 单元格相对地址与绝对地址的区分应用、认识公式、单元格数字格式的设置、条件格式的设置 | 4 |
| 项目 2-4　员工工资表制作 | 常用函数 SUM、AVERAGE、MAX、MIN、COUNTIF、SUMIF、IF 等的运用 | 4 |
| 项目 2-5　产品销售情况分析表制作 | 数据排序、数据筛选、数据的分类汇总 | 4 |
| 项目 2-6　销售业绩图表制作 | 图表的创建、编辑与修饰；数据透视表的制作 | 4 |
| Excel 2010 综合实训 | 单元格格式设置、常用函数的运用、数据分类汇总、数据筛选、图表的创建与编辑 | 10 |

项目 **2-1**

# 员工信息表制作

**学习目标** ☞

## 知识目标

- 了解 Excel 2010 的启动、退出，熟悉 Excel 的功能，掌握 Excel 窗口各个组成部分。
- 理解工作簿、工作表、当前工作表、单元格与当前单元格的概念。
- 掌握工作表的插入、删除、复制、移动和重命名等操作。
- 掌握数据与数据填充功能。

## 技能目标

- 能够熟练创建并保存工作簿文件。
- 能根据需要在工作表中熟练录入各种数据，并运用 Excel 2010 的自动填充功能快速填充数据。

## 情感目标

- 能自主学习，自主探究项目解决方案。
- 能运用本项目知识解决实际问题。

**项目描述** ☞

　　员工信息是公司了解员工情况最基本的途经，因此，每个公司或单位都要有本公司员工的信息情况表，而输入员工的基本信息，Excel 2010 无疑是最好的选择，因为 Excel 有强大的数据录入和填充功能。

**项目分析** ☞

(1) 创建一个工作簿，并录入员工相应的数据信息。不同类型的数据应用不同的输入方法，本项目主要涉及文本型数据、数字型数据、日期型数据的输入。

(2) 进行数据的输入时，可以利用复制、粘贴命令和填充的方式提高数据的输入速度。

(3) 插入行、列。

(4) 工作表的插入、重命名、移动、复制、删除。

(5) 复制工作表中的数据。

**效果展示** ☞

项目完成效果见图 2-1-1。

| | A | B | C | D | E | F | G | H | I |
|---|---|---|---|---|---|---|---|---|---|
| 1 | 员工个人信息表 | | | | | | | | |
| 2 | | | | | | | | 2012-6-18 | |
| 3 | 员工ID | 姓名 | 性别 | 部门 | 出生日期 | 聘用日期 | 居住地址 | 联系方式 | |
| 4 | 0001 | 张伟达 | 男 | 销售部 | 1968-12-8 | 1992-5-1 | 凯旋门17号 | 13945698793 | |
| 5 | 0002 | 林颖红 | 女 | 销售部 | 1970-2-19 | 1992-8-14 | 大安路中38号 | 15245896589 | |
| 6 | 0003 | 李静鹏 | 男 | 销售部 | 1980-8-30 | 1992-4-1 | 衡阳路152号 | 15968971236 | |
| 7 | 0004 | 郑星杰 | 男 | 销售部 | 1966-9-20 | 2003-5-3 | 普罗旺斯 | 18965237896 | |
| 8 | 0005 | 郭雪媚 | 女 | 销售部 | 1984-3-4 | 1993-10-17 | 建设路中17号 | 13825694789 | |
| 9 | 0006 | 覃红 | 女 | 销售部 | 1978-8-2 | 2008-10-28 | 桂林路39号 | 13788975632 | |
| 10 | 0007 | 朱枫 | 女 | 销售部 | 1975-5-29 | 1994-1-2 | 东湖路99号 | 14796532698 | |
| 11 | 0008 | 黄军 | 男 | 销售部 | 1969-1-9 | 1994-3-5 | 江南路北106号 | 13185697423 | |
| 12 | 0009 | 刘英 | 女 | 销售部 | 1985-3-2 | 1994-11-15 | 中山路36号 | 13278963578 | |
| 13 | 0010 | 蒙倩倩 | 女 | 财务部 | 1969-7-3 | 1994-11-16 | 建设路88号 | 18965234788 | |
| 14 | 0011 | 胡大兵 | 男 | 财务部 | 1960-12-4 | 2006-6-17 | 衡阳路59号 | 15869871285 | |
| 15 | 0012 | 令狐聪 | 男 | 服务部 | 1986-7-5 | 1994-11-18 | 中山路123号 | 15269863589 | |
| 16 | 0013 | 李晓东 | 男 | 服务部 | 1981-10-6 | 1999-8-19 | 建安路78号 | 13158963698 | |
| 17 | 0014 | 赵士明 | 男 | 服务部 | 1979-7-7 | 2001-9-20 | 南湖北路109号 | 18965475236 | |
| 18 | 0015 | 梁平安 | 男 | 服务部 | 1969-5-8 | 1994-11-21 | 郁林路280号 | 13875469871 | |
| 19 | | | | | | | | | |
| 20 | | | | | | | | | |

图 2-1-1　员工信息表效果图

项目资源所在位置：\办公软件项目教程\项目 2-1。

# 任务 1　认识Excel 2010

## 【任务实施】

步骤 1　启动 Excel 2010 应用程序。单击"开始"—"所有程序"—"Microsoft Office"—"Microsoft Excel 2010"，即可启动 Excel 2010 应用程序。

启动 Excel 2010 后，系统会自动创建一个默认文件名为"工作簿 1"的 Excel 工作簿文件，其工作界面如图 2-1-2 所示。

步骤 2　保存工作簿。选择"文件"—"保存"命令，将工作簿以"员工信息表 .xlsx"为文件名保存，如图 2-1-3 所示。

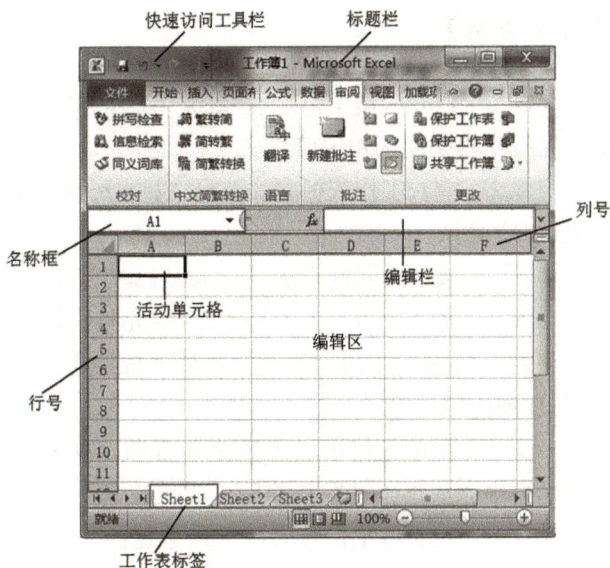

图 2-1-2　Excel 2010 程序窗口

步骤 3　退出 Excel。单击窗口右上角的"关闭"按钮，退出 Excel 2010。

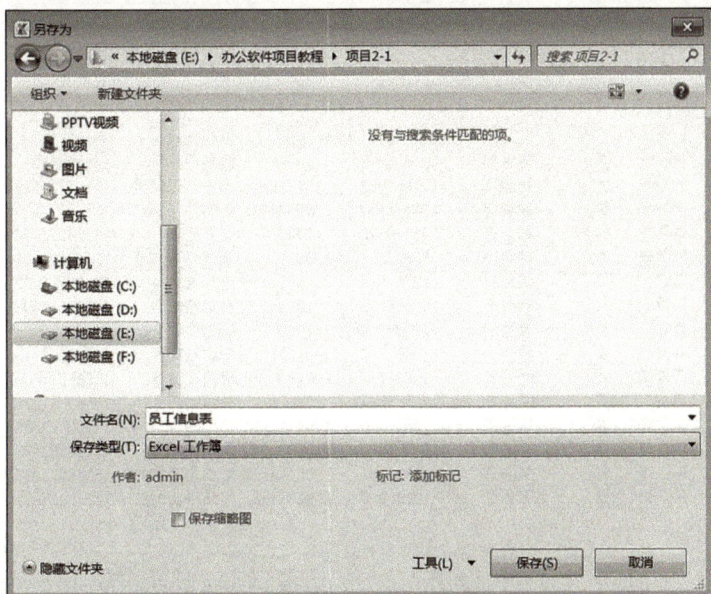

图 2-1-3　保存工作簿对话框

# 任务2 在“员工信息表”中录入数据

【任务实施】

步骤 1 打开“员工信息表 .xlsx”工作簿文件，选择 Sheet1 工作表，参照图 2-1-4 所示，在工作表中输入相关信息。

步骤 2 输入工作表标题。选择 A1 单元格，在其中输入标题文字“员工个人信息表”，按 Enter 键确认。

步骤 3 按照相同的方法，在 A2:H2 单元格中输入列标题。

步骤 4 输入员工 ID。选择 A3 单元格，输入“’ 0001”，然后把鼠标指针移至 A3 单元格右下角的填充柄，当鼠标指针变成细黑十字时，按住鼠标左键往下拖，即可完成员工 ID 列内容的输入。

步骤 5 在单元格中输入数字和日期。在 E3 单元格中输入日期“1968-12-8”，按照相同的方法完成出生日期和聘用日期列数据的输入。

步骤 6 完成员工信息表中其余数据的输入。输入完成后，如图 2-1-4 所示。仔细查看表中数据可发现，文本数据在单元格中默认左对齐，数字在单元格中右对齐。

步骤 7 保存并退出 Excel。

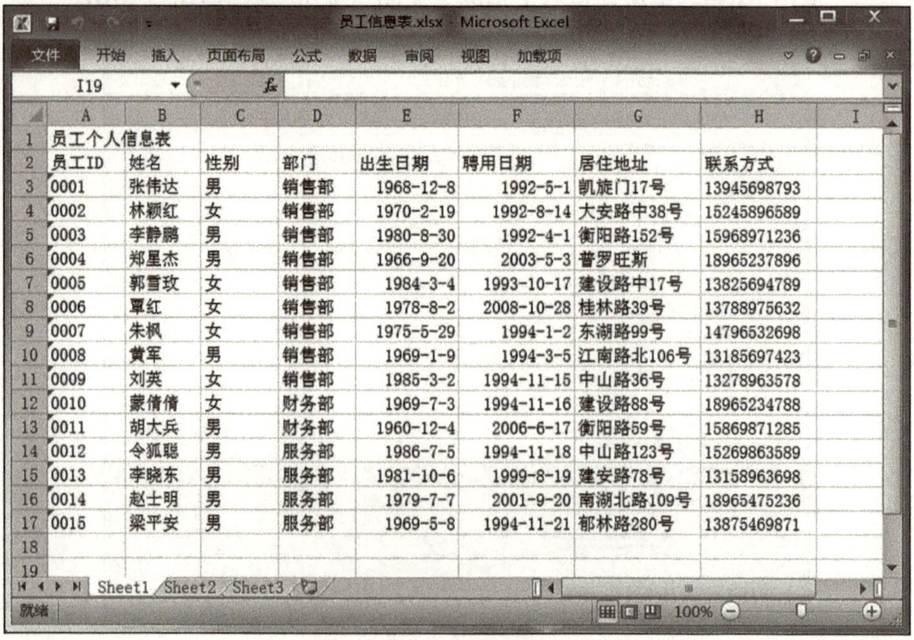


| 员工个人信息表 | | | | | | | |
|---|---|---|---|---|---|---|---|
| 员工ID | 姓名 | 性别 | 部门 | 出生日期 | 聘用日期 | 居住地址 | 联系方式 |
| 0001 | 张伟达 | 男 | 销售部 | 1968-12-8 | 1992-5-1 | 凯旋门17号 | 13945698793 |
| 0002 | 林颖红 | 女 | 销售部 | 1970-2-19 | 1992-8-14 | 大安路中38号 | 15245896589 |
| 0003 | 李静鹏 | 男 | 销售部 | 1980-8-30 | 1992-4-1 | 衡阳路152号 | 15968971236 |
| 0004 | 郑星杰 | 男 | 销售部 | 1966-9-20 | 2003-5-3 | 普罗旺斯 | 18965237896 |
| 0005 | 郭雪玫 | 女 | 销售部 | 1984-3-4 | 1993-10-17 | 建设路中17号 | 13825694789 |
| 0006 | 覃红 | 女 | 销售部 | 1978-8-2 | 2008-10-28 | 桂林路39号 | 13788975632 |
| 0007 | 朱枫 | 女 | 销售部 | 1975-5-29 | 1994-1-2 | 东湖路99号 | 14796532698 |
| 0008 | 黄军 | 男 | 销售部 | 1969-1-9 | 1994-3-5 | 江南路北106号 | 13185697423 |
| 0009 | 刘英 | 女 | 销售部 | 1985-3-2 | 1994-11-15 | 中山路36号 | 13278963578 |
| 0010 | 蒙倩倩 | 女 | 财务部 | 1969-7-3 | 1994-11-16 | 建设路88号 | 18965234788 |
| 0011 | 胡大兵 | 男 | 财务部 | 1960-12-4 | 2006-6-17 | 衡阳路59号 | 15869871285 |
| 0012 | 令狐聪 | 男 | 服务部 | 1986-7-5 | 1994-11-18 | 中山路123号 | 15269863589 |
| 0013 | 李晓东 | 男 | 服务部 | 1981-10-6 | 1999-8-19 | 建安路78号 | 13158963698 |
| 0014 | 赵士明 | 男 | 服务部 | 1979-7-7 | 2001-9-20 | 南湖北路109号 | 18965475236 |
| 0015 | 梁平安 | 男 | 服务部 | 1969-5-8 | 1994-11-21 | 郁林路280号 | 13875469871 |

图 2-1-4 员工信息表数据

---

**小技巧**

在输入内容时，可以用↓、←、↑、→、Tab 或 Enter 等键来定位表格的位置，若录入的内容为纯数字，则内容默认靠对应单元格右对齐；否则，内容均靠对应单元格左对齐。

Excel 具有强大的数据自动填充功能，当需要输入序列数据或有规律的文本时，可以利用自动填充功能，按住当前单元格右下角的填充柄向下或向左、向右拖动即可进行数据的自动填充，这样可以大大提高输入速度。

---

# 任务 *3* 编辑工作表

## 【任务实施】

**步骤 1**　修改工作表中的数据。打开"员工信息表 .xlsx"工作簿文件，双击 B7 单元格，把 B7 单元格中的"郭雪玫"改为"郭雪媚"。

**步骤 2**　插入工作表行。单击工作表第二行中任意单元格，在"开始"选项卡的"单元格"组中，单击"插入"按钮，在下拉菜单中选择"插入工作表行"命令，即可在第二行的上方插入一行，在 H2 单元格中输入制表日期"2012-6-18"。

**步骤 3**　重命名工作表。单击 Sheet1 工作表标签，右击鼠标，在快捷菜单中选择"重命名"命令，如图 2-1-5 所示，更改工作表名为"员工基本信息"。

**步骤 4**　插入新的工作表。选择"员工基本信息"工作表，在"开始"选项卡的"单元格"组中，单击"插入"按钮，在下拉菜单中选择"插入工作表"命令，则在"员工基本信息"工作表的前面插入一张工作表，将工作表重命名为"员工工资情况"。

**步骤 5**　将"员工基本信息"表移至"员工工资情况"表的前面。右击"员工基本信息"工作表标签，在弹出的快捷菜单中选择"移动或复制工作表"命令，打开"移动或复制工作表"对话框，在对话框中参照图 2-1-6 所示进行设置，单击"确定"按钮。

**步骤 6**　将"员工基本信息"表的数据复制到 Sheet2 工作表中。选中"员工基本信息"工作表的所有数据，单击"开始"选项卡的"复制"按钮，在 Sheet2 工作表中，选中 A1 单元格，右击鼠标，选择"粘贴"命令。

**步骤 7**　删除 Sheet3 工作表。在 Sheet3 工作表标签处右击鼠标，在快捷菜单中选择"删除"命令。最终效果如图 2-1-1 所示。

**步骤 8**　保存工作簿并退出 Excel。

---

**小技巧**

关于工作表的基本操作，事实上利用右键快捷菜单的方法会更快捷方便地实现工作表的重命名、移动、复制、删除和插入新的工作。

按住鼠标左键拖动到目标位置后再松开鼠标，也能快速实现工作表的移动；按住 Ctrl 键拖动，则能快速复制工作表。

---

图 2-1-5　重命名工作表

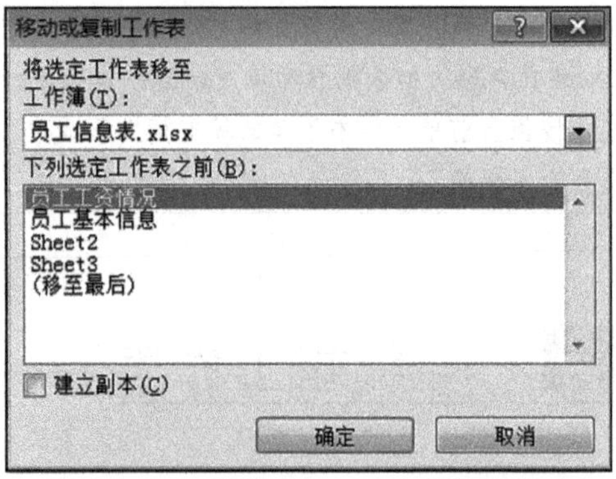

图 2-1-6　"移动或复制工作表"对话框

## 【知识链接】

### 一、在表格中输入数据

#### 1. 数字型文本的输入

有时输入的数据形式上是数字，但并不能参与算术运算，如编号 001，这时要先输入一个单引号或是输入法切换到英文状态下的单引号键，再输入相应数值。这样，在单元格中显示的是数字，但对齐方式是左对齐，表示他是文本，而非数字。当选中该单元格时，公式栏中显示的是带有 "'" 的文本内容，但在单元格内只显示数值。

一般文本的对齐方式是左对齐，数字的对齐方式是右对齐（特殊情况除外），按照这个规律即可判断输入的是文本还是数字。

#### 2. 自动填充功能的使用方法

方法一：单击 "编辑"—"填充"—"序列" 命令，注意要先选定填充区域。

方法二：首先在选定的单元格内输入编号，例如 "001"，然后将鼠标指针移至单元格右下角填充句柄处，当鼠标指针变成 "+" 时，按住鼠标左键向下拖动。拖动过程中，会看到鼠标指针右边有相应的提示，当填充完毕后，松开鼠标左键会看到数据已经自动填充完毕。这个方法很实用，对公式计算的结果也可以使用，自动套用公式填充好计算结果。如果在拖动填充句柄的同时按下 Ctrl 键，则是复制填充。

#### 3. 表格中当前日期、时间的输入

单击要输入日期的单元格，按下 Ctrl+ "：" 组合键，即可输入当前日期。

单击要输入时间的单元格，按下 Ctrl+Shift+ "：" 组合键，即可输入当前时间。

### 二、工作表的操作

在 Excel 中，一个文件称为一个工作簿，一个工作簿文件中，默认有三个工作表，

工作表名为 Sheet1、Sheet2、Sheet3，可以根据需要插入多个工作表，最多可有 255 个，也可以删除、重命名工作表。一个工作表中有 65536 行和 256 列，列号为字母 A、B、C……行号为 1、2、3……

### 1. 插入工作表

单击"开始"选项卡中"单元格"组的"插入"下拉按钮，选择"插入工作表"命令。

### 2. 重命名工作表

在工作表标签上右击鼠标，在快捷菜单中选择"重命名"命令，此时工作表标签呈反白显示，输入工作表名即可。

### 3. 删除工作表

单击工作表标签，选择"开始"选项卡中"单元格"组"删除"按钮下的"删除工作表"命令。或者右击工作表标签，在快捷菜单中选择"删除"命令删除工作表。

### 4. 移动或复制工作表

在工作表标签上右击鼠标，在快捷菜单中选择"移动或复制工作表"命令，打开"移动或复制工作表"对话框，在对话框中选择移动或者是复制工作表即可。

## 项目总结

本项目通过"员工信息表"的制作过程，主要学习了工作簿的创建、各种类型数据的输入、快速输入数据、工作表的编辑方法等 Excel 的基本操作，学好基本操作对后面的学习至关重要，因此本项目是学好 Excel 2010 的基础。

## 项目评价

### 项目评价表

| 项目名称 | | | | |
|---|---|---|---|---|
| 项目人员 | | | | |
| 评价项目 | 评价内容 | 学生自评 | 小组互评 | 教师评价 |
| 知识 | 掌握工作簿文件的创建与保存方法 | | | |
| | 理解工作簿与工作表的关系；理解行、列标题、当前工作表与活动单元格 | | | |
| | 掌握简单数据序列的填充方法 | | | |
| | 学会对工作表进行编辑与修改 | | | |
| 技能 | 能熟练在工作表中录入数据 | | | |
| | 能够运用填充方法快速录入数据 | | | |
| | 能对工作表的基本操作灵活运用 | | | |

续表

| 评价项目 | 评价内容 | 学生自评 | 小组互评 | 教师评价 |
|---|---|---|---|---|
| 情感态度 | 能自主学习，探究项目解决方案 | | | |
| | 能运用本项目知识解决实际问题 | | | |
| | 能与同学进行交流与合作 | | | |
| 总评 | | | | |

备注: 学生自评、小组互评、教师评价的评价标准: A.优秀 B.良好 C.及格 D.不及格
总评指教师对学生小组成员整体的评价，或是教学反思，采用评语方式。

━━━━━━ 拓 展 练 习 ━━━━━━

**练习一 公司日常费用表制作**

练习一效果图如图 2-1-7 所示。

图 2-1-7 公司日常费用表效果图

步骤提示:

（1）新建一个工作簿，以"公司日常费用表 .xlsx"为文件名保存。

（2）参照效果图 2-1-7 在 Sheet1 工作表中录入数据。

（3）将 Sheet1 工作表名更改为"日常费用情况"。

（4）以原文件名保存工作簿文件。

**练习二　输入数据序列**

新建一个工作簿文件。

（1）在 Sheet1 工作表中输入以下数据序列。

①1，3，5，7，9，11，13，15，17，19。

②1，4，8，16，32，64，128。

（2）在 Sheet2 工作表中输入以下数据序列。

①星期一，星期二，星期三，星期四，星期五，星期六，星期日。

②1月，2月……11月，12月。

# 项目 *2-2*

## 元旦节目单制作

**学习目标** ☞

**知识目标**
- 掌握单元格的字体、对齐方式、边框和底纹等的设置方法。
- 学会插入工作表行、列并设置行高和列宽。
- 掌握工作表页面的设置。

**技能目标**
- 能够熟练对工作表进行编辑。
- 能够按照需要美化工作表。

**情感目标**
- 逐步提高学生的审美能力。
- 培养学生的创新意识。

**项目描述** ☞

    国美公司为了庆祝元旦，决定举办一次庆典活动，为了方便主持人报幕，同时能让大家大致了解节目内容，就要有一份节目单，现在就用 Excel 来制作吧。

**项目分析** ☞

（1）创建节目单工作簿。

（2）设置表格内容位置与格式、输入节目单内容。

（3）插入或删除工作表行和列、调整行高及列宽。

（4）格式化节目单单元格、编辑节目单。

（5）美化页面、保存工作表和工作簿。

**效果展示** ☞

    项目完成效果见图 2-2-1。

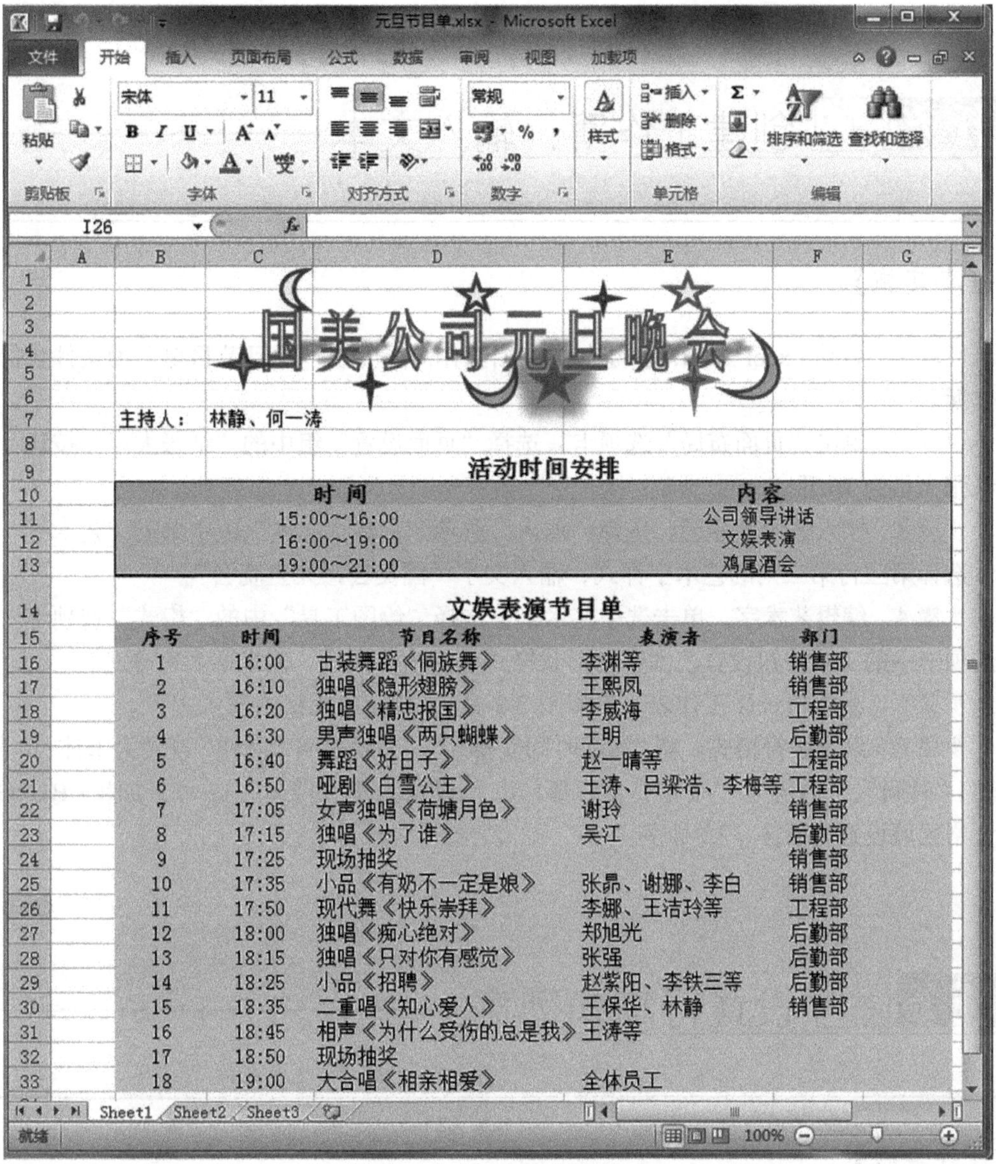

元旦节目单.xlsx - Microsoft Excel

文件　开始　插入　页面布局　公式　数据　审阅　视图　加载项

宋体　11　常规　样式　插入　删除　格式　排序和筛选　查找和选择

剪贴板　字体　对齐方式　数字　单元格　编辑

I26

**国美公司元旦晚会**

主持人：　林静、何一涛

**活动时间安排**

| 时间 | 内容 |
|---|---|
| 15:00～16:00 | 公司领导讲话 |
| 16:00～19:00 | 文娱表演 |
| 19:00～21:00 | 鸡尾酒会 |

**文娱表演节目单**

| 序号 | 时间 | 节目名称 | 表演者 | 部门 |
|---|---|---|---|---|
| 1 | 16:00 | 古装舞蹈《侗族舞》 | 李渊等 | 销售部 |
| 2 | 16:10 | 独唱《隐形翅膀》 | 王熙凤 | 销售部 |
| 3 | 16:20 | 独唱《精忠报国》 | 李威海 | 工程部 |
| 4 | 16:30 | 男声独唱《两只蝴蝶》 | 王明 | 后勤部 |
| 5 | 16:40 | 舞蹈《好日子》 | 赵一晴等 | 工程部 |
| 6 | 16:50 | 哑剧《白雪公主》 | 王涛、吕梁浩、李梅等 | 工程部 |
| 7 | 17:05 | 女声独唱《荷塘月色》 | 谢玲 | 销售部 |
| 8 | 17:15 | 独唱《为了谁》 | 吴江 | 后勤部 |
| 9 | 17:25 | 现场抽奖 | | 销售部 |
| 10 | 17:35 | 小品《有奶不一定是娘》 | 张昂、谢娜、李白 | 销售部 |
| 11 | 17:50 | 现代舞《快乐崇拜》 | 李娜、王洁玲等 | 工程部 |
| 12 | 18:00 | 独唱《痴心绝对》 | 郑旭光 | 后勤部 |
| 13 | 18:15 | 独唱《只对你有感觉》 | 张强 | 后勤部 |
| 14 | 18:25 | 小品《招聘》 | 赵紫阳、李铁三等 | 后勤部 |
| 15 | 18:35 | 二重唱《知心爱人》 | 王保华、林静 | 销售部 |
| 16 | 18:45 | 相声《为什么受伤的总是我》 | 王涛等 | |
| 17 | 18:50 | 现场抽奖 | | |
| 18 | 19:00 | 大合唱《相亲相爱》 | 全体员工 | |

Sheet1　Sheet2　Sheet3

就绪　100%

图 2-2-1　元旦节目单效果图

项目资源所在位置：\办公软件项目教程\项目 2-2。

## 任务 1 创建工作簿，输入文本

【任务实施】

    **步骤 1** 启动 Excel 2010，新建一个空白工作簿，并以"元旦节目单"为文件名保存工作簿。

    **步骤 2** 单击"页面布局"选项卡，选择"页面设置"组中的"纸张大小"按钮，设置纸张大小为 16 开。

    **步骤 3** 插入艺术字标题。选择"插入"选项卡，在"文本"组中单击"艺术字"按钮，选择第三行第二列的艺术字样式，输入文字"国美公司元旦晚会"。

    **步骤 4** 编辑艺术字。单击选中艺术字，选择"绘图工具"中的"格式"选项卡，利用选项卡中的工具按钮设置艺术字的形状样式、艺术字样式、艺术字大小等。

    **步骤 5** 选择 Sheet1 工作表，参照图 2-2-1，在相应单元格内输入文字。

    **步骤 6** 设置字符格式。将"活动时间安排"与"文娱表演节目单"设置为宋体、14 号、加粗；"时间"、"内容"、"序号"至"部门"行设置为华文楷体、12 号、加粗；B16:G33 单元格区域设置为楷体、12 号字。

## 任务 2 设置行高和列宽

【任务实施】

    **步骤 1** 设置第 9 行、第 14 行的行高分别为 16.50、27.75。选中要设置的行，选择"开始"选项卡，在"单元格"组中单击"格式"按钮，选择"行高"命令，在打开的对话框中输入参数即可。

    **步骤 2** 设置 D 列的列宽为 24，E 列的列宽为 20。选中要设置的列，选择"开始"选项卡，在"单元格"组中单击"格式"按钮，选择"列宽"命令，在打开的对话框中输入参数即可。

## 任务 3　设置单元格对齐方式

【任务实施】

步骤1　合并单元格。选中 D9:E9 单元格区域，在"开始"选项卡的"对齐方式"组中，单击"合并及居中"按钮。

步骤2　按照相同的方法，参照图 2-2-1 所示，将 B10:D10 与 E10:G10 单元格区域及时间列和内容列合并居中；设置 B14:G14 单元格区域合并居中。

步骤3　序号列、时间列、部门列内容设置居中对齐，列标题节目名称、表演者设置居中对齐。

> **小技巧**
>
> 可以在"设置单元格格式"对话框的"对齐"选项卡中，文本对齐方式设置水平对齐为居中，垂直对齐居中，文本控制中勾选合并单元格。
>
> 可以用格式刷快速设置相同格式。

## 任务 4　设置边框和底纹

【任务实施】

步骤1　设置单元格边框。参照图 2-2-1 所示，选中 B10:G13 单元格区域，选择"开始"选项卡，单击"字体"组或"对齐方式"组的启动器，打开"设置单元格格式"对话框，单击"边框"选项卡，选择合适的线条、线条颜色及边框样式，这里上边框、左右边框设置细实线，下边框设置粗实线边框，如图 2-2-2 所示，单击"确定"按钮即可。

步骤2　按照同样的方法，将 B15:G15 单元格区域的上边框设置为黄色粗实线。

步骤3　设置单元格底纹。选中 B10:G10 单元格区域，在"开始"选项卡的"字体"组中，单击"填充颜色"按钮，在下拉菜单中选择橙色。

步骤4　按照相同的方法，将 B11:G13 单元格区域设置为"白色 背景1 深色 15%"填充色；将 B15:G15 区域设置为"橄榄色 强调文字颜色 3 淡色 40%"填充色；将 B16:G33 区域设置为"红色 强调文字颜色 2 淡色 80%"填充色，最终效果如图 2-2-1 所示。

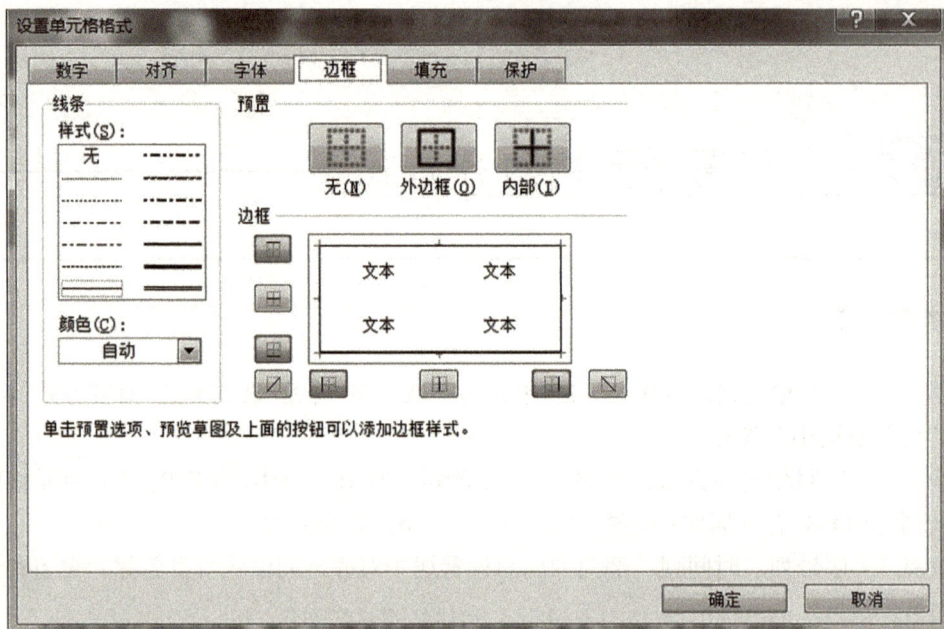

图 2-2-2 "设置单元格格式"对话框

## 任务 5 打印预览

**【任务实施】**

**步骤 1** 选择"文件"—"打印"命令，预览打印效果。在"打印"选项卡上，默认打印机的属性自动显示在第一部分中，工作簿的预览自动显示在第二部分中。如果要在打印前返回工作簿并进行更改，可以单击"文件"选项卡或者其他选项卡。

**步骤 2** 自主创意，进一步修饰节目单。

**步骤 3** 以原文件名保存工作簿文件。

## 【知识链接】

### 一、设置单元格格式

单元格格式设置包括单元格的数字类型、对齐方式、字体、边框和底纹等设置。单击"字体"组或"对齐方式"组或"数字"组的启动器按钮，打开"设置单元格格式"对话框，如图 2-2-2 所示，即可根据需要设置合适的格式。

"数字"选项：将数字显示为数值、百分比、日期、货币等格式。在"类别"列表中，单击要使用的格式，在必要时调整设置。

"对齐"选项：设置文本的对齐方式，包括"文本对齐方式"、"文本控制"、"文字方向"等三大项。

"字体"选项：设置字体、字形、字号、颜色、下划线、特殊效果等字符格式。

"边框"选项：设置单元格的边框样式。

"填充"选项：设置单元格的底纹样式。

### 二、打印工作表

#### 1. 设置页面选项

在"页面布局"选项卡的"页面设置"组中，单击"页面设置"组启动器，打开"页面设置"对话框，选择"页面"选项卡，根据需要进行设置，如图 2-2-3 所示。

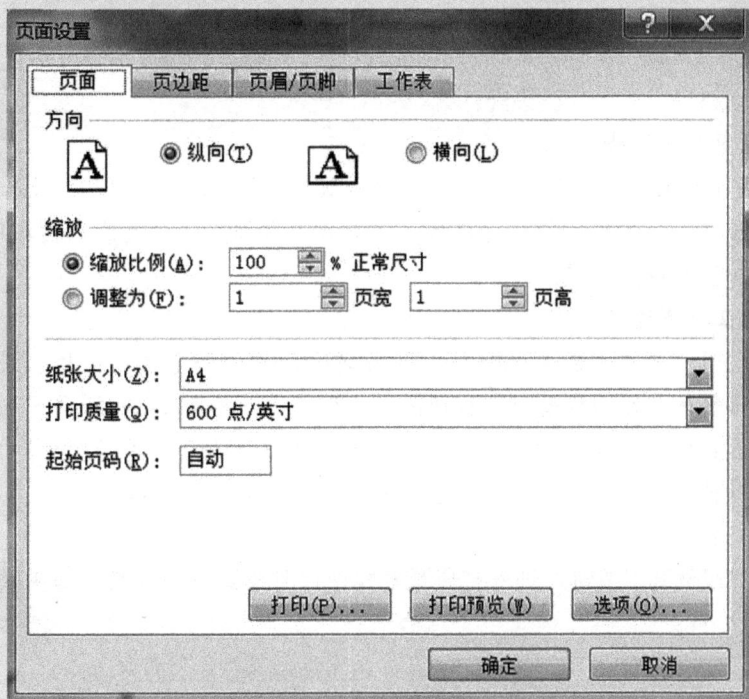

图 2-2-3 "页面设置"对话框

**2. 设置页边距**

打开"页面设置"对话框，单击"页边距"选项卡，如图 2-2-4 所示，根据需要在上、下、左、右文本框中输入具体参数；设置好页眉和页脚的位置，将"居中方式"设置为"水平"。

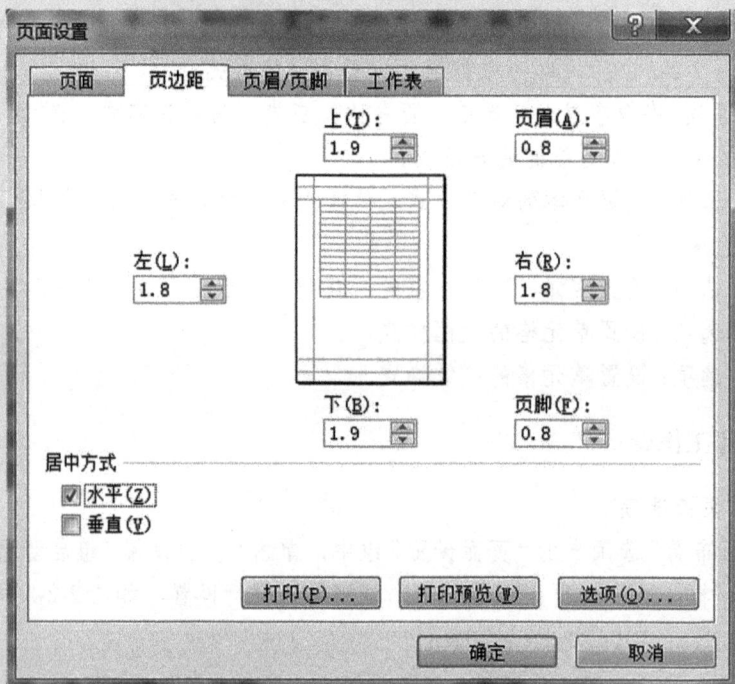

图 2-2-4 "页边距"设置对话框

**3. 设置页眉和页脚**

打开"页面设置"对话框，选择"页眉 / 页脚"选项卡，如图 2-2-5 所示，单击"自定义页眉"或"自定义页脚"按钮，根据需要在"页眉"或"页脚"文本框中输入页眉或页脚的内容并设置格式。

**4. 设置工作表选项**

工作表选项主要包括打印顺序，打印标题行、打印网格线、行号、列表等选项。这些选项可以控制打印的标题行、打印的先后顺序等，如图 2-2-6 所示。

在"页面设置"对话框中，单击"工作表"选项卡，在"顶端标题"文本框中输入标题行，其他根据需要设置打印效果，最后单击"确定"按钮。

**5. 打印预览**

单击"打印预览"按钮，进入打印预览视图，可看到打印效果，如果效果不理想，可以再修改。

图 2-2-5 "页眉 / 页脚"设置对话框

图 2-2-6 "工作表"设置对话框

## 项目总结

本项目详细地介绍了节目单的制作过程，重点介绍单元格格式的设置方法。单元格格式包括字体、数字、对齐方式、边框、图案等；另外，在工作表中也插入了艺术字和图形。总之，在项目制作过程中，对格式化工作表、设置工作表，工作表的美化都作了详尽的讲述。

## 项目评价

### 项目评价表

| 项目名称 | | | | |
|---|---|---|---|---|
| 项目人员 | | | | |
| 评价项目 | 评价内容 | 学生自评 | 小组互评 | 教师评价 |
| 知识 | 熟悉"开始"和"页面布局"选项卡的功能 | | | |
| | 掌握单元格格式设置的方法 | | | |
| 技能 | 能对单元格中字体、对齐方式的设置 | | | |
| | 掌握文本控制的方式 | | | |
| | 掌握单元格的边框和图案的设置 | | | |
| | 能根据需要进行合理的页面设置 | | | |
| 情感态度 | 能自主学习，探究项目解决方案 | | | |
| | 能运用本项目知识解决实际问题 | | | |
| | 能与同学合作交流，分享学习成果 | | | |
| 总评 | | | | |

备注：学生自评、小组互评、教师评价的评价标准：A.优秀 B.良好 C.及格 D.不及格
总评指教师对学生小组成员整体的评价，或是教学反思，采用评语方式。

## 拓展练习

**练习 产品销售表**

练习的效果图如图 2-2-7 所示。

步骤提示：

（1）新建一个工作簿文件，选择 Sheet1 工作表，参照图 2-2-7 所示，在工作表中输入数据。

（2）标题文字设置为华文楷体，20 磅、加粗，合并居中。

（3）单元格数字类型设为货币型，保留一位小数，使用货币符号￥，字体设为 12 磅。

（4）除数字单元格外其余单元格设置为楷体、水平居中，14 磅。

（5）将单元格 A2:F10 区域设置为黑色外边框、粗线，内边框为蓝色细线。

（6）第一行的行高设置为 45，其余各行设为 22，列宽设为 12。

（7）以"产品销售表 .xlsx"为文件名保存工作簿。

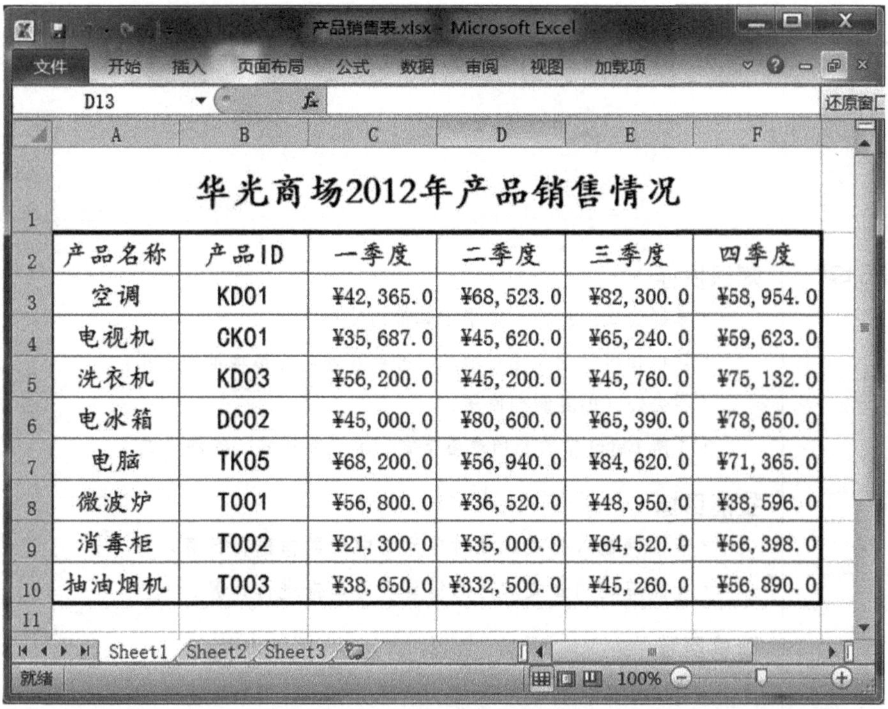

| 产品名称 | 产品ID | 一季度 | 二季度 | 三季度 | 四季度 |
|---|---|---|---|---|---|
| 空调 | KD01 | ¥42,365.0 | ¥68,523.0 | ¥82,300.0 | ¥58,954.0 |
| 电视机 | CK01 | ¥35,687.0 | ¥45,620.0 | ¥65,240.0 | ¥59,623.0 |
| 洗衣机 | KD03 | ¥56,200.0 | ¥45,200.0 | ¥45,760.0 | ¥75,132.0 |
| 电冰箱 | DC02 | ¥45,000.0 | ¥80,600.0 | ¥65,390.0 | ¥78,650.0 |
| 电脑 | TK05 | ¥68,200.0 | ¥56,940.0 | ¥84,620.0 | ¥71,365.0 |
| 微波炉 | T001 | ¥56,800.0 | ¥36,520.0 | ¥48,950.0 | ¥38,596.0 |
| 消毒柜 | T002 | ¥21,300.0 | ¥35,000.0 | ¥64,520.0 | ¥56,398.0 |
| 抽油烟机 | T003 | ¥38,650.0 | ¥332,500.0 | ¥45,260.0 | ¥56,890.0 |

华光商场2012年产品销售情况

图 2-2-7 产品销售表效果图

项目 **2-3**

# 产品销售额统计表制作

**学习目标** ☞

**知识目标**

- 掌握公式的结构、常用运算符的使用。
- 认识相对地址和绝对地址，并能掌握单元格地址的引用。
- 学会公式的复制和使用。
- 了解 Excel 中的套用表格格式，单元格样式，条件格式。

**技能目标**

- 能准确输入公式，并对单元格中的数据进行计算。
- 能熟练运用公式对产品销售表的数据进行计算。

**情感目标**

- 进一步认识和体会 Excel 软件给数据统计带来的便利。
- 愿意主动思考、总结公式的一般使用方法。

**项目描述** ☞

    公式与函数是 Excel 处理数据的重要功能，本项目将通过制作"产品销售额统计表"，进行简单的数据计算（求和、乘积、百分比的计算）。通过本项目的学习，体会 Excel 中运用公式计算的强大功能。

**项目分析** ☞

    （1）创建新的工作簿，并录入数据。
    （2）运用公式进行数据计算。
    （3）表格样式设置。

**效果展示** ☞

    项目完成效果见图 2-3-1。

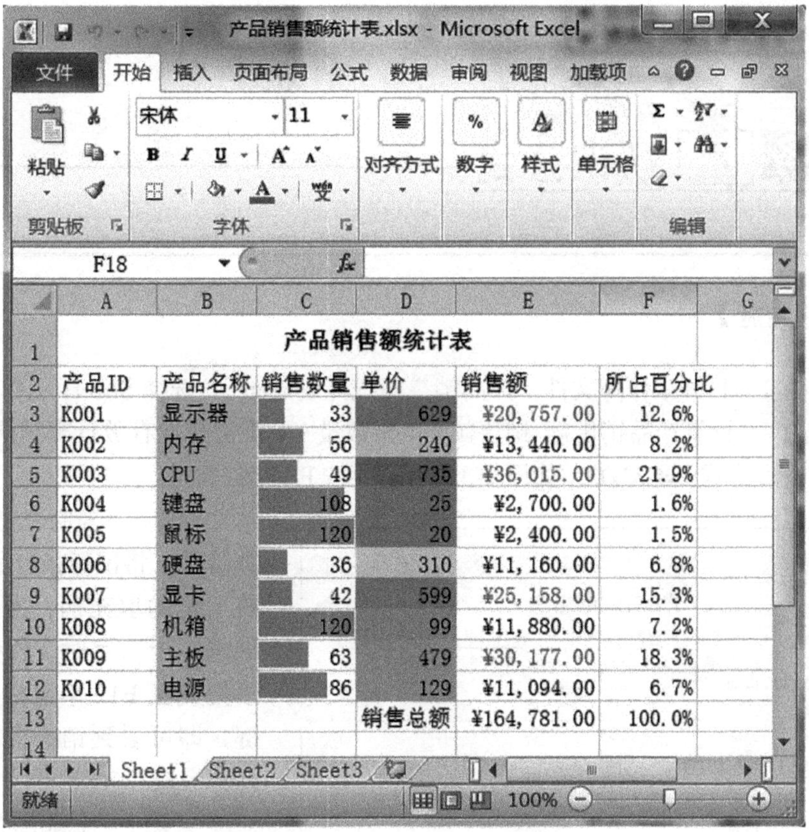

图 2-3-1 产品销售额统计表效果图

项目资源所在位置: \办公软件项目教程\项目 2-3。

# 任务 1 认识公式

## 【任务实施】

步骤 1　打开工作簿文件"产品销售额统计表 .xlsx",选择 Sheet1 工作表。

步骤 2　计算产品销售额(销售额 = 销售数量 * 单价)。选取存放计算结果的 E3 单元格,在其中输入公式:=C3*D3,如图 2-3-2 所示,按 Enter 键确定。

步骤 3　复制填充公式,查看计算结果。将鼠标指针移至 E3 单元格右下角的填充柄,当指针形状变成细黑"十"字时,按住鼠标左键往下拖曳至 E12 单元格,松开鼠标左键,即可看到销售额列的内容已经计算完成。

步骤 4　计算产品总销售额。在 E13 单元格内输入公式:=E3+E4+E5+E6+E7+E8+E9+ E10+E11+E12,按 Enter 键确定输入。

| RANK | | X ✓ fx | =C3*D3 | | | |
|---|---|---|---|---|---|---|
| A | B | C | D | E | F | G |
| 产品销售额统计表 | | | | | | |
| 产品ID | 产品名称 | 销售数量 | 单价 | 销售额 | 所占百分比 | |
| K001 | 显示器 | 33 | 629 | =C3*D3 | | |
| K002 | 内存 | 56 | 240 | | | |
| K003 | CPU | 49 | 735 | | | |
| K004 | 键盘 | 108 | 25 | | | |
| K005 | 鼠标 | 120 | 20 | | | |
| K006 | 硬盘 | 36 | 310 | | | |
| K007 | 显卡 | 42 | 599 | | | |
| K008 | 机箱 | 120 | 99 | | | |
| K009 | 主板 | 63 | 479 | | | |
| K010 | 电源 | 86 | 129 | | | |
| | | | | 销售总额 | | |

图 2-3-2　输入计算销售额公式

步骤 5　计算所占百分比列内容(所占百分比 = 销售额 / 销售总额)。在 F3 单元格中输入公式:=E3/$E$13,如图 2-3-3 所示。利用填充柄复制公式完成所占百分比列的计算,最终效果如图 2-3-4 所示。

步骤 6　以原文件名保存工作簿。

| SUM | | X ✓ fx | =E3/$E$13 | | | |
|---|---|---|---|---|---|---|
| A | B | C | D | E | F | G |
| 产品销售额统计表 | | | | | | |
| 产品ID | 产品名称 | 销售数量 | 单价 | 销售额 | 所占百分比 | |
| K001 | 显示器 | 33 | 629 | 20757 | =E3/$E$13 | |
| K002 | 内存 | 56 | 240 | 13440 | | |
| K003 | CPU | 49 | 735 | 36015 | | |
| K004 | 键盘 | 108 | 25 | 2700 | | |
| K005 | 鼠标 | 120 | 20 | 2400 | | |
| K006 | 硬盘 | 36 | 310 | 11160 | | |
| K007 | 显卡 | 42 | 599 | 25158 | | |
| K008 | 机箱 | 120 | 99 | 11880 | | |
| K009 | 主板 | 63 | 479 | 30177 | | |
| K010 | 电源 | 86 | 129 | 11094 | | |
| | | | | 销售总额 | 164781 | |

图 2-3-3　输入计算销售百分比公式

图 2-3-4 计算完成效果图

# 任务 2 设置单元格数字格式

## 【任务实施】

**步骤 1** 将"销售额"列数据格式设置为"货币型，使用货币符号 ￥，保留小数点后两位"。打开工作簿文件"产品销售额统计表 .xlsx"，选择销售额列内容即单元格区域 E3:E13，单击"开始"选项卡"数字"组中的启动器，打开"设置单元格格式"对话框，在对话框中设置数据类型为"货币"，保留两位小数，如图 2-3-5 所示。

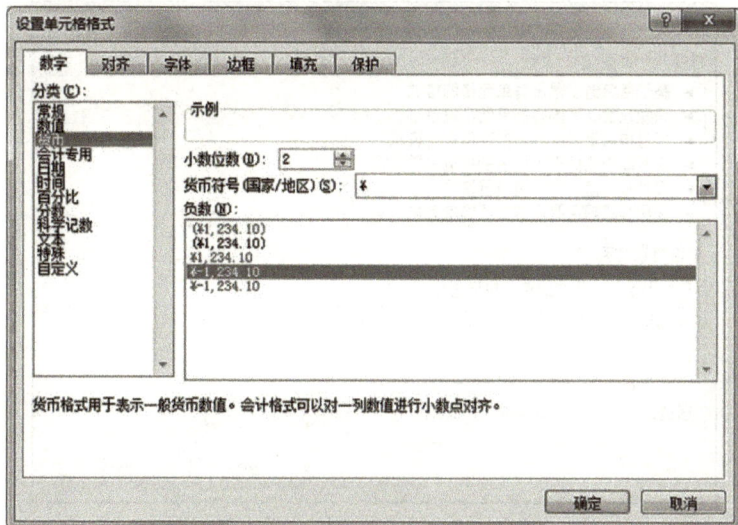

图 2-3-5 设置单元格格式为货币型

步骤2  将"所占百分比"列单元格设置为"百分比型，保留小数点后一位"。选择所占百分比列内容，单击"开始"选项卡"数字"组中的启动器，打开"设置单元格格式"对话框，在对话框中设置数字类型为"百分比"，小数位数设为1，如图2-3-6所示。

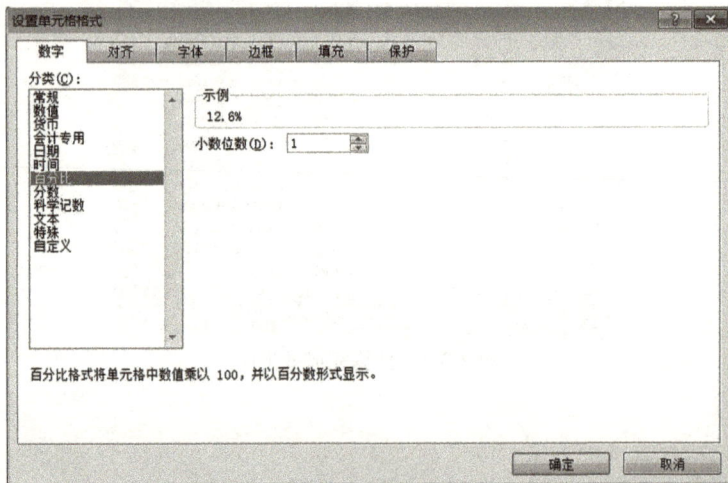

图2-3-6  设置单元格格式为百分比型

步骤3  设置单元格样式。选取"产品名称"列单元格区域B3:B12，在"开始"选项卡"样式"组中，单击"单元格样式"按钮，在下拉菜单中选择"40% - 强调文字颜色5"样式。

步骤4  使用条件格式把"销售额在20000（含20000）元以上的数据用红色标识出来"。选中E3:E12单元格区域，在"开始"选项卡的"样式"组中，单击"条件格式"按钮，选择"突出显示单元格规则"—"其他规则"命令，打开"新建格式规则"对话框，参照图2-3-7所示设置条件，单击"格式"按钮，打开"设置单元格格式"对话框，设置字体颜色为红色，单击"确定"按钮，返回"新建格式规则"对话框，单击"确定"按钮完成操作。

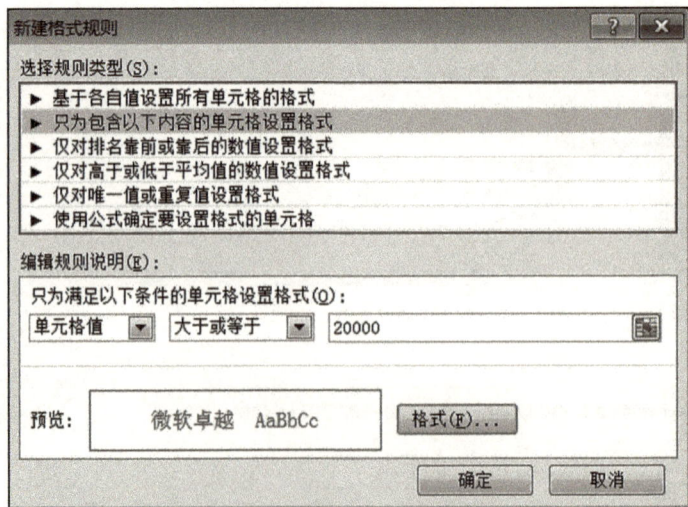

图2-3-7  设置条件格式对话框

步骤 5　同样使用条件格式将"销售数量"列用"数据条 - 渐变填充 - 绿色数据条"显示；将"单价"列数据用"色阶 - 红 - 黄 - 绿色阶"显示，效果如图 2-3-8 所示。

步骤 6　以原文件名保存工作簿文件并退出 Excel。

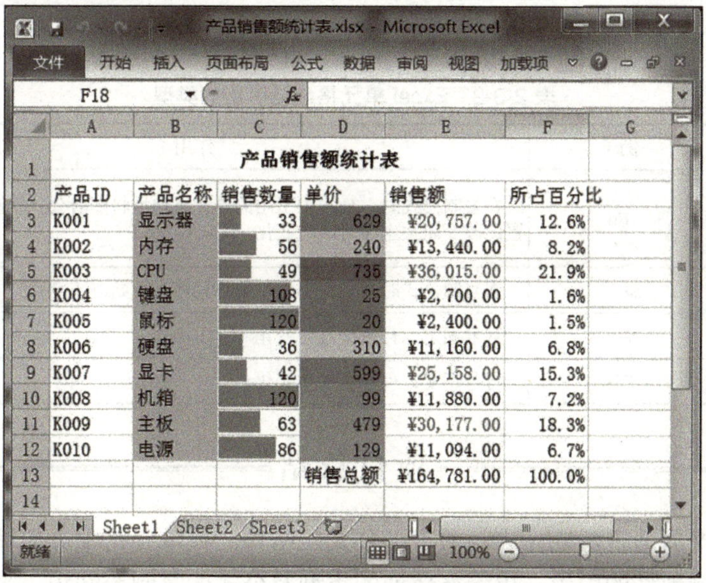

图 2-3-8　使用条件格式和单元格样式设置单元格效果图

## 【知识链接】

### 一、公式的使用

公式表示的是单元格之间的关系，复制公式只是复制关系。Excel 中会根据公式复制的目标位置和源公式的位置关系进行推算，由公式自动推导其他单元格的公式。

公式的形式为"= 表达式"。表达式由数据和运算符构成，数据可以是具体数值或文本，也可以是单元格引用或函数，公式中统一用小括号。Excel 中算术运算符如表 2-3-1 所示。

表 2-3-1　Excel 算术运算符

| 运算符 | 含义 | 示例 |
| --- | --- | --- |
| + | 加 | 30+40 |
| - | 减 | 40-30 |
| * | 乘 | 40*30 |
| / | 除 | 60/5 |
| ^ | 乘方 | 5^2 |

### 二、单元格地址的引用

Excel 中单元格地址的引用类型有三种形式，即相对地址、混合地址和绝对地址，如表 2-3-2 所示。如果在复制公式时，公式中引用的单元格地址固定不变，可以锁定地址。比如在上面所占百分比中的销售总额 $E$13，这种称为绝对地址。

**表 2-3-2　Excel 单元格地址引用的类型**

| 地址类型 | 例子 | 作用 |
|---|---|---|
| 相对地址 | E6 | 在复制公式时，公式中引用的单元格地址将随着公式复制的单元格位置的改变而发生相对应的变化 |
| 绝对地址 | $E$6 | 在复制公式时，公式中引用的单元格地址始终不变 |
| 混合地址 | $E6 | 列号固定，行号会发生变化 |
| | E$6 | 行号不变，列号会发生变化 |

## 项目总结

通过制作产品销售额统计表，学习了公式的结构，在单元格中如何输入公式，单元格及单元格区域地址的引用，单元格地址的类型及公式的复制等知识。掌握了公式的使用，对后面运用函数计算奠定了坚实的基础。

## 项目评价

### 项目评价表

| 项目名称 | | | | | |
|---|---|---|---|---|---|
| 项目人员 | | | | | |
| 评价项目 | 评价内容 | | 学生自评 | 小组互评 | 教师评价 |
| 知识 | 掌握公式的结构 | | | | |
| | 理解相对地址和绝对地址 | | | | |
| | 掌握公式的复制与使用 | | | | |
| 技能 | 熟练运用公式进行数据计算 | | | | |
| | 能使用条件格式进行单元格设置 | | | | |
| 情感态度 | 能自主学习，探究项目解决办法 | | | | |
| | 能运用本项目知识解决实际问题 | | | | |
| | 能与同学合作交流，分享学习成果 | | | | |
| 总评 | | | | | |

备注：学生自评、小组互评、教师评价的评价标准：A. 优秀　B. 良好　C. 及格　D. 不及格
总评指教师对学生小组成员整体的评价，或是教学反思，采用评语方式。

## 拓展练习

### 练习　学生成绩统计表

学生成绩统计表基础数据如图 2-3-9 所示，练习的最终效果图如图 2-3-10 所示。

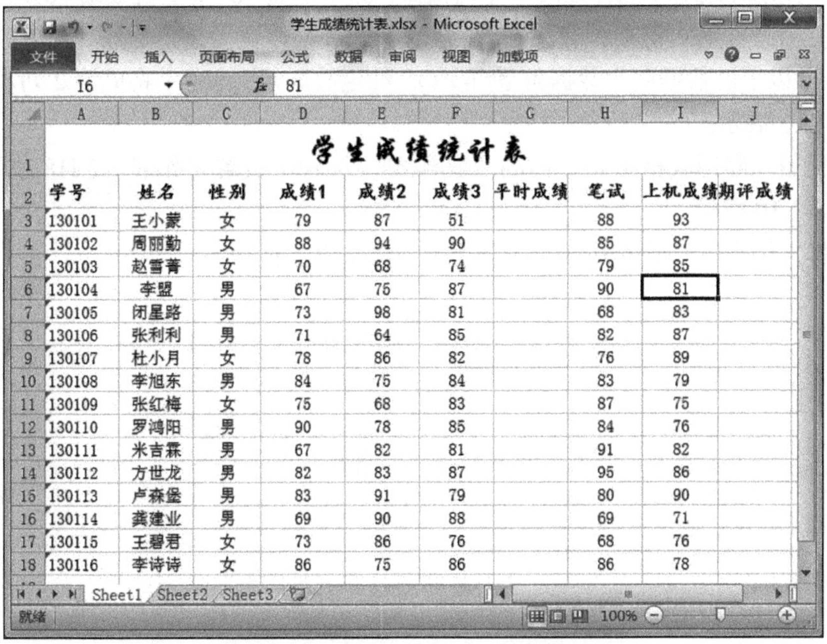

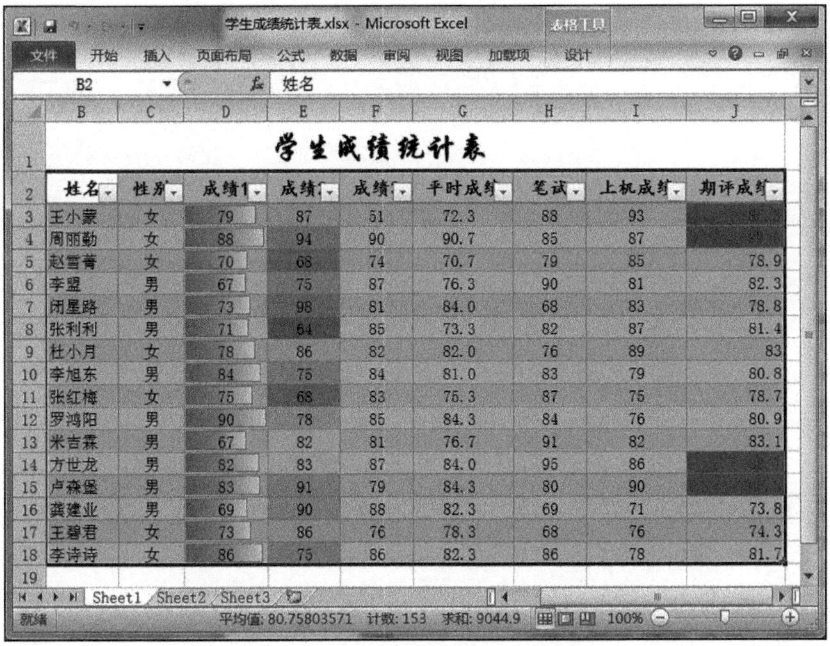

图 2-3-9　学生成绩统计表基础数据

图 2-3-10　学生成绩统计表效果图

步骤提示：

（1）新建一个工作簿文件，参照图 2-3-9 所示录入相应数据。

（2）使用公式计算出平时成绩［平时成绩 =（成绩 1+ 成绩 2+ 成绩 3）/3，保留小数点后 1 位］。

（3）计算期评成绩（期评成绩 = 平时成绩 *0.3+ 笔试 *0.3+ 上机成绩 *0.4）。

（4）使用条件格式将期评成绩在 85 分以上的数据设置为蓝色底纹，红色文字；将成绩 1 中 85 分以上的数据用"数据条 渐变填充 红色数据条"表示；将成绩 2 列数据用"色阶 - 绿 白 红"表示。

（5）利用"套用表格格式"中的"表样式浅色 18"设置工作表 A2:J18 单元格区域，效果如图 2-3-10 所示。

（6）将工作簿以"学生成绩统计表 .xlsx"为文件名保存。

# 员工工资表制作

**学习目标** ☞ | **知识目标**

- 理解函数的组成，熟练掌握 SUM、AVERAGE、MAX、MIN 等简单函数的使用方法。
- 掌握 COUNT、COUNTIF、IF、SUMIF、RANK、MODE 等高级函数的使用方法。

**技能目标**

- 能够熟练使用 SUM、AVERAGE、MAX、MIN 等简单函数进行求和、平均值、最大值、最小值的计算。
- 能够使用高级函数 COUNT、COUNTIF、IF、SUMIF、RANK、MODE 等进行数据统计。

**情感目标**

- 逐步提高分析、解决实际问题的能力。
- 逐步养成细致严谨的工作态度。

**项目描述** ☞

　　李明是公司的一名会计，管理和发放工资是他每个月最重要的工作，而员工工资的管理是一项繁琐而重要的工作。如果在手工条件下，编制工资发放明细表较为复杂，并且公司员工越多，工作量越大，就越容易出错。使用 Excel 表格能使复杂的数据变得简洁明了，且可以帮他录入工资表，快速核算工资，大大提高了工作效率。

**项目分析** ☞

　　（1）创建工作簿文件并进行保存。

　　（2）在员工工资情况工作表中录入工资的有关信息。

　　（3）利用公式计算员工的应发工资和实发工资。

　　（4）使用函数计算工资的最大值、最小值、平均工资、普遍工资并进行工资的排名及添加说明文字。

　　（5）使用 SUMIF 函数、COUNTIF 函数统计各部门人数及部门工资总额。

**效果展示** ☞

　　项目完成效果见图 2-4-1。

| 1 | 至睿公司员工工资表 | | | | | | | | | |
|---|---|---|---|---|---|---|---|---|---|---|
| 2 | | | | | | | | | 2013/2/18 | |
| 3 | 姓名 | 部门 | 基本工资 | 职务工资 | 补贴 | 其它扣款 | 应发工资 | 实发工资 | 工资排名 | 备注 |
| 4 | 张伟达 | 销售部 | 4600 | 600 | 500 | 350 | 5700 | 5350 | 2 | 激励 |
| 5 | 林颖红 | 销售部 | 3800 | 650 | 400 | 270 | 4850 | 4580 | 7 | 激励 |
| 6 | 李静鹏 | 财务部 | 3700 | 600 | 450 | 250 | 4750 | 4500 | 8 | 激励 |
| 7 | 郑星杰 | 销售部 | 3300 | 800 | 500 | 100 | 4600 | 4500 | 8 | 激励 |
| 8 | 郭雪玫 | 服务部 | 4200 | 680 | 500 | 324 | 5380 | 5056 | 4 | 激励 |
| 9 | 赵士明 | 销售部 | 3400 | 750 | 400 | 220 | 4550 | 4330 | 12 | 加油 |
| 10 | 梁平安 | 财务部 | 2800 | 690 | 300 | 189 | 3790 | 3601 | 15 | 加油 |
| 11 | 黄军 | 销售部 | 3900 | 720 | 300 | 250 | 4920 | 4670 | 6 | 激励 |
| 12 | 刘英 | 销售部 | 4300 | 810 | 400 | 346 | 5510 | 5164 | 3 | 激励 |
| 13 | 蒙倩倩 | 财务部 | 3600 | 660 | 500 | 260 | 4760 | 4500 | 8 | 激励 |
| 14 | 胡大兵 | 销售部 | 3400 | 780 | 470 | 150 | 4650 | 4500 | 8 | 激励 |
| 15 | 令狐聪 | 服务部 | 3000 | 730 | 500 | 200 | 4230 | 4030 | 13 | 加油 |
| 16 | 李晓东 | 销售部 | 2700 | 800 | 400 | 168 | 3900 | 3732 | 14 | 加油 |
| 17 | 覃红 | 服务部 | 3900 | 680 | 600 | 275 | 5180 | 4905 | 5 | 激励 |
| 18 | 朱枫枫 | 服务部 | 4500 | 730 | 500 | 327 | 5730 | 5403 | 1 | 激励 |
| 19 | 最大值 | | | | | | | 5403 | | |
| 20 | 最小值 | | | | | | | 3601 | | |
| 21 | 平均工资 | | | | | | | 4588.067 | | |
| 22 | 普遍工资 | | | | | | | 4500 | | |
| 23 | | | | | | | | | | |
| 24 | | | | 部门人数及工资 | | | | | | |
| 25 | | | 部门 | 人数 | 工资 | | | | | |
| 26 | | | 销售部 | 8 | 36826 | | | | | |
| 27 | | | 财务部 | 3 | 12601 | | | | | |
| 28 | | | 服务部 | 4 | 19394 | | | | | |

图 2-4-1 员工工资表效果图

项目资源所在位置：\办公软件项目教程\项目 2-4。

# 任务 1  简单函数的使用

## 【任务实施】

**步骤 1**　打开工作簿文件"员工工资表 .xlsx"，选择"员工工资情况"工作表为当前工作表。

**步骤 2**　计算员工的应发工资（应发工资 = 基本工资 + 职务工资 + 补贴）。选取存放计算结果的 H4 单元格，在"公式"选项卡的"函数库"组中，单击"fx 插入函数"按钮，打开"插入函数"对话框，在对话框中选择 SUM 函数，如图 2-4-2 所示。

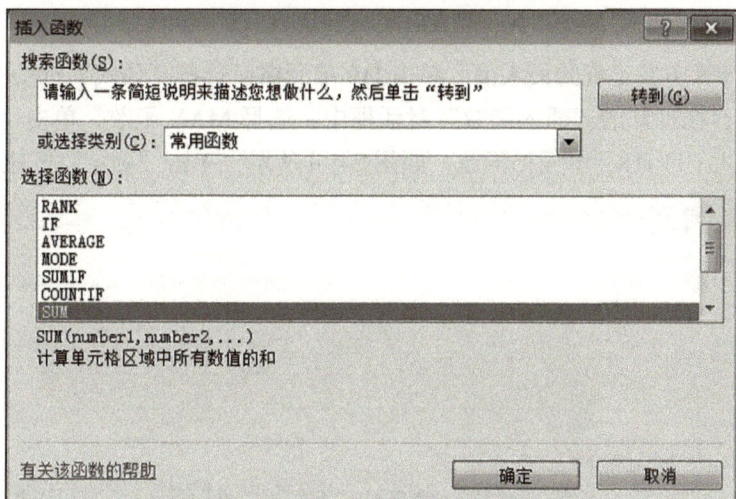

图 2-4-2　插入求和函数对话框

单击"确定"按钮，打开"函数参数"对话框，在 Number1 框中输入 D4:F4 或将光标定位于输入框，用鼠标拖曳选择 D4:F4 单元格为计算区域，如图 2-4-3 所示。

> **小技巧**
>
> 求和计算，可以用自动求和的方法更快捷地进行计算。方法：将光标定位于存放计算结果的单元格，单击"开始"选项卡"编辑"组中的"自动求和"命令或"公式"选项卡"函数库"组中的"自动求和"命令，此时，系统自动框选计算范围，也可利用鼠标拖曳方法框选需要参加计算的单元格，按 Enter 键即可查看计算结果。

**步骤 3**　单击"确定"按钮，可看到计算结果。此时编辑栏中显示公式 =SUM(D4:F4)，利用数据填充的方法完成应发工资列其余数据的计算。

步骤 4  计算实发工资（实发工资 = 应发工资 – 其他扣款）。选择 I4 单元格，在单元格中输入公式：=H4-G4，按 Enter 键确定，利用数据填充的方法完成"实发工资"列中其他单元格数据的计算。

图 2-4-3  设置应发工资函数参数对话框

步骤 5  计算实发工资的最大值。单击 I19 单元格，选择"公式"选项卡中的"fx 插入函数"按钮，在打开的"插入函数"对话框中，选择 MAX 函数，单击"确定"按钮，在参数框中输入"I4:I18"单元格区域，如图 2-4-4 所示，单击"确定"按钮。

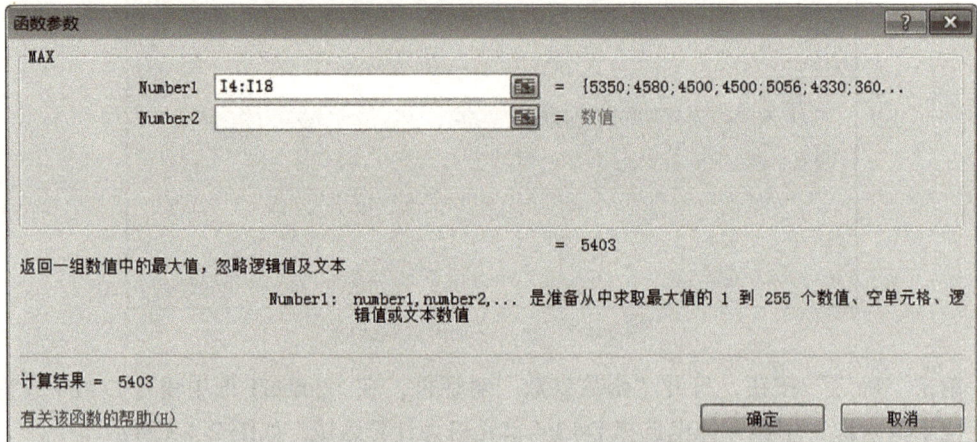

图 2-4-4  设置实发工资函数参数框

步骤 6  按照步骤 5 的方法，分别利用 MIN 函数、AVERAGE 函数、MODE 函数在 I20、I21、I22 单元格中计算实发工资的最小值、平均值和普遍值，计算结果如图 2-4-5 所示。

步骤 7  选择"文件"—"保存"命令，以"员工工资表 .xlsx"为文件名保存工作簿文件。

| | A | B | C | D | E | F | G | H | I |
|---|---|---|---|---|---|---|---|---|---|
| 1 | | | | | 至睿公司员工工资表 | | | | |
| 2 | | | | | | | | | |
| 3 | 员工ID | 姓名 | 部门 | 基本工资 | 职务工资 | 补贴 | 其它扣薪 | 应发工资 | 实发工资 |
| 4 | 0001 | 张伟达 | 销售部 | 4600 | 600 | 500 | 350 | 5700 | 5350 |
| 5 | 0002 | 林颖红 | 销售部 | 3800 | 650 | 400 | 270 | 4850 | 4580 |
| 6 | 0003 | 李静鹏 | 财务部 | 3700 | 600 | 450 | 250 | 4750 | 4500 |
| 7 | 0004 | 郑星杰 | 销售部 | 3300 | 800 | 500 | 100 | 4600 | 4500 |
| 8 | 0005 | 郭雪玫 | 服务部 | 4200 | 680 | 500 | 324 | 5380 | 5056 |
| 9 | 0006 | 赵士明 | 销售部 | 3400 | 750 | 400 | 220 | 4550 | 4330 |
| 10 | 0007 | 梁平安 | 财务部 | 2800 | 690 | 300 | 189 | 3790 | 3601 |
| 11 | 0008 | 黄军 | 销售部 | 3900 | 720 | 300 | 250 | 4920 | 4670 |
| 12 | 0009 | 刘英 | 销售部 | 4300 | 810 | 400 | 346 | 5510 | 5164 |
| 13 | 0010 | 蒙倩倩 | 财务部 | 3600 | 660 | 500 | 260 | 4760 | 4500 |
| 14 | 0011 | 胡大兵 | 销售部 | 3400 | 780 | 470 | 150 | 4650 | 4500 |
| 15 | 0012 | 令狐聪 | 服务部 | 3000 | 730 | 500 | 200 | 4230 | 4030 |
| 16 | 0013 | 李晓东 | 销售部 | 2700 | 800 | 400 | 168 | 3900 | 3732 |
| 17 | 0014 | 覃红 | 服务部 | 3900 | 680 | 600 | 275 | 5180 | 4905 |
| 18 | 0015 | 朱枫枫 | 服务部 | 4500 | 730 | 500 | 327 | 5730 | 5403 |
| 19 | | | | 最大值 | | | | | 5403 |
| 20 | | | | 最小值 | | | | | 3601 |
| 21 | | | | 平均工资 | | | | | 4588.067 |
| 22 | | | | 普遍工资 | | | | | 4500 |

图 2-4-5 完成各种数据计算效果图

# 任务 2 工资排名和添加备注列

## 【任务实施】

步骤 1 打开工作簿文件"员工工资表 .xlsx",选择"员工工资情况"为当前工作表。

步骤 2 对实发工资进行排名。选择 J4 单元格,在"公式"选项卡"函数库"组中,单击"fx 插入函数"按钮,在打开的"插入函数"对话框中选择 RANK 函数,如图 2-4-6 所示。单击"确定"按钮,打开"函数参数"对话框。

在 Number 框中输入要参与排名的数字所在单元格地址 I4;在 Ref 框中输入参与排名的单元格区域地址,这里选择 \$I\$4:\$I\$18;在 Order 文本框中输入"0"以表示按降序次序排序,如图 2-4-7 所示。此时编辑栏中出现公式 =RANK(I4, \$I\$4:\$I\$18, 0),最后单击"确定"按钮,查看计算结果。

步骤 3 利用数据填充功能完成其余数据的排名。

> **小技巧**
>
> 这里使用绝对地址是为了能使用数据填充功能,实现快速计算。
>
> Order 参数框输入 0 或忽略表示降序,非零值,表示升序。

步骤 4 利用 IF 函数给备注列添加内容。如果实发工资在 4500 元及以上的,在"备注"列相应单元格中显示"激励"信息,实发工资在 4500 元以下的,显示"加油"信息。

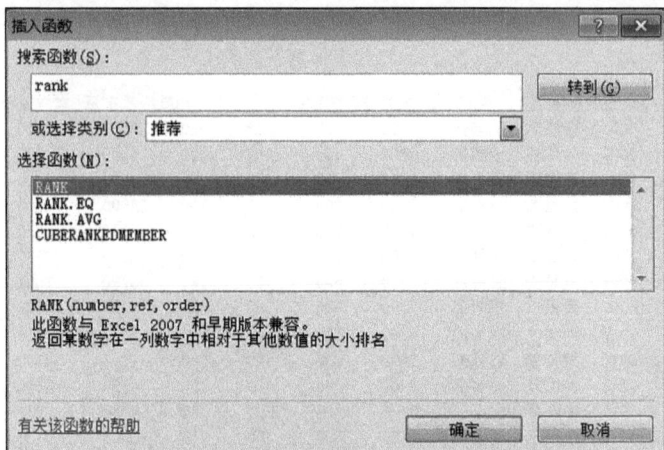

图 2-4-6　插入排名函数 RANK 对话框

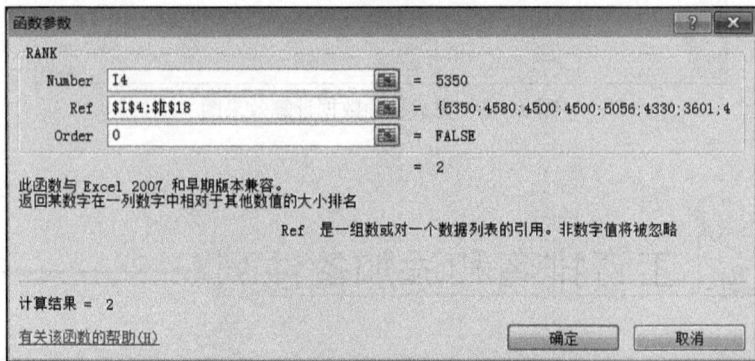

图 2-4-7　设置排名函数参数对话框

　　选择 K4 单元格，单击"公式"选项卡中的"fx 插入函数"按钮，打开"插入函数"对话框，在对话框中选择 IF 函数，如图 2-4-8 所示。单击"确定"按钮，打开"函数参数"对话框。

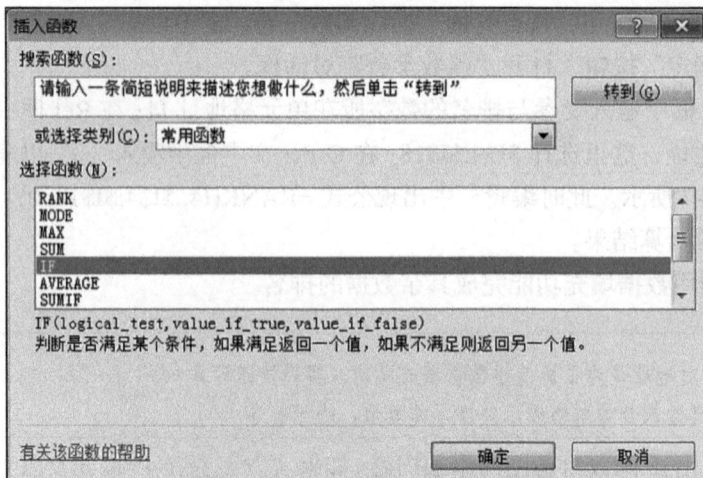

图 2-4-8　插入条件函数对话框

**步骤 5**　设置函数参数。在打开的"函数参数"对话框中进行设置：Logical_test 框中输入条件表达式"I4>=4500"；Value_if_true 框中输入满足条件表达式时返回的值"激励"；Value_if_false 框中输入不满足条件表达式时返回的值"加油"，如图 2-4-9 所示。此时编辑栏中出现公式：=IF(I4>=4500, " 激励 ", " 加油 ")，单击"确定"按钮，查看计算结果。

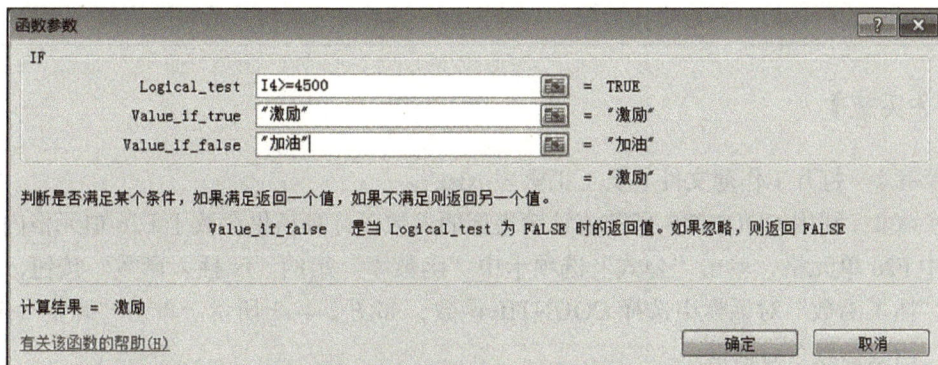

图 2-4-9　设置条件函数参数图

**步骤 6**　利用自动填充的方法完成该列其余单元格区域的计算，计算结果如图 2-4-10 所示。

**步骤 7**　以"员工工资表 .xlsx"为文件名保存工作簿文件。

| | B | C | D | E | F | G | H | I | J | K | L |
|---|---|---|---|---|---|---|---|---|---|---|---|
| 1 | | | | 至睿公司员工工资表 | | | | | | | |
| 2 | | | | | | | | | | 2013/2/18 | |
| 3 | 姓名 | 部门 | 基本工资 | 职务工资 | 补贴 | 其它扣款 | 应发工资 | 实发工资 | 工资排名 | 备注 | |
| 4 | 张伟达 | 销售部 | 4600 | 600 | 500 | 350 | 5700 | 5350 | 2 | 激励 | |
| 5 | 林颖红 | 销售部 | 3800 | 650 | 400 | 270 | 4850 | 4580 | 7 | 激励 | |
| 6 | 李静鹏 | 财务部 | 3700 | 600 | 450 | 250 | 4750 | 4500 | 8 | 激励 | |
| 7 | 郑星杰 | 销售部 | 3300 | 800 | 500 | 100 | 4600 | 4500 | 8 | 激励 | |
| 8 | 郭雪玫 | 服务部 | 4200 | 680 | 500 | 324 | 5380 | 5056 | 4 | 激励 | |
| 9 | 赵士明 | 销售部 | 3400 | 750 | 400 | 220 | 4550 | 4330 | 12 | 加油 | |
| 10 | 梁平安 | 财务部 | 2800 | 690 | 300 | 189 | 3790 | 3601 | 15 | 加油 | |
| 11 | 黄军 | 销售部 | 3900 | 720 | 300 | 250 | 4920 | 4670 | 6 | 激励 | |
| 12 | 刘英 | 销售部 | 4300 | 810 | 400 | 346 | 5510 | 5164 | 3 | 激励 | |
| 13 | 蒙倩倩 | 财务部 | 3600 | 660 | 500 | 260 | 4760 | 4500 | 8 | 激励 | |
| 14 | 胡大兵 | 销售部 | 3400 | 780 | 470 | 150 | 4650 | 4500 | 8 | 激励 | |
| 15 | 令狐聪 | 服务部 | 3000 | 730 | 500 | 200 | 4230 | 4030 | 13 | 加油 | |
| 16 | 李晓东 | 销售部 | 2700 | 800 | 400 | 168 | 3900 | 3732 | 14 | 加油 | |
| 17 | 覃红 | 服务部 | 3900 | 680 | 600 | 275 | 5180 | 4905 | 5 | 激励 | |
| 18 | 朱枫枫 | 服务部 | 4500 | 730 | 500 | 327 | 5730 | 5403 | 1 | 激励 | |
| 19 | | | 最大值 | | | | | 5403 | | | |
| 20 | | | 最小值 | | | | | 3601 | | | |

图 2-4-10　计算工资排名和"备注"列效果图

任务 *3* 统计各部门的人数及部门工资总和

【任务实施】

步骤1 打开工作簿文件"员工工资表.xlsx"。

步骤2 利用COUNTIF函数统计销售部的人数，计算结果存放于F26单元格内。单击选中F26单元格，单击"公式"选项卡中"函数库"组的"fx插入函数"按钮，在打开的"插入函数"对话框中选择COUNTIF函数，如图2-4-11所示。单击"确定"按钮，打开"函数参数"对话框。

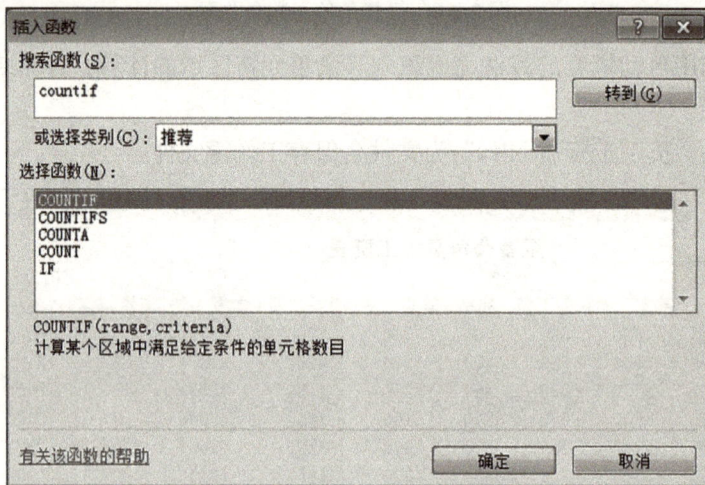

图2-4-11 插入条件计数函数

步骤3 设置COUNTIF函数参数。在"函数参数"对话框中设置：Range文本框输入参与统计的非空单元格数目的区域地址C4:C18；Criteria文本框中输入条件"销售部"，如图2-4-12所示。此时编辑栏中出现公式:=COUNTIF(C4:C18,"销售部")，单击"确定"

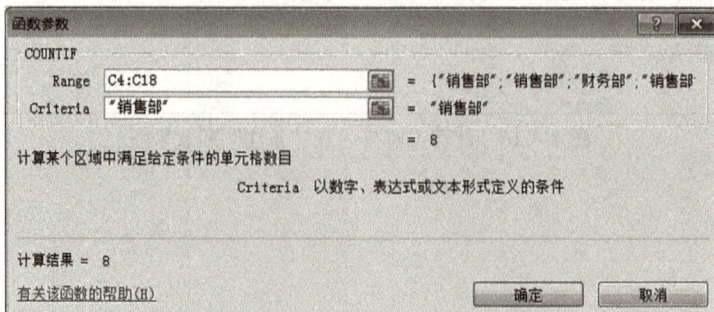

图2-4-12 设置条件计数函数参数

按钮，查看计算结果。

步骤4　按照步骤2和步骤3的方法统计"财务部"和"服务部"的人数。

步骤5　利用 SUMIF 函数计算部门工资。先计算销售部工资，选择 G26 单元格，单击"公式"选项卡中的"fx 插入函数"按钮，在"插入函数"对话框中选择 SUMIF 函数，如图 2-4-13 所示。单击"确定"按钮，打开"函数参数"对话框。

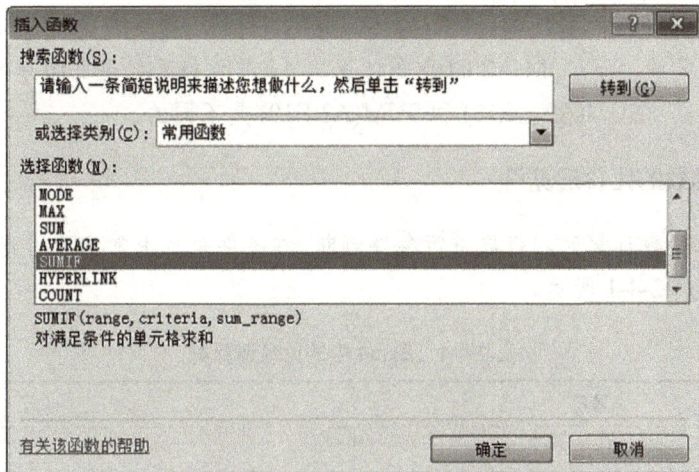

图 2-4-13　插入条件求和函数图

步骤6　设置 SUMIF 函数参数。在"函数参数"对话框中设置：Range 文本框中输入参与计算的单元格区域地址 C4:C18；Criteria 文本框中输入条件"销售部"；Sum_range 文本框中输入用于求和计算的实际单元格区域地址 I4:I18，如图 2-4-14 所示。此时编辑栏中出现公式：=SUMIF(C4:C18," 销售部 ",I4:I18)，单击"确定"按钮，查看计算结果。

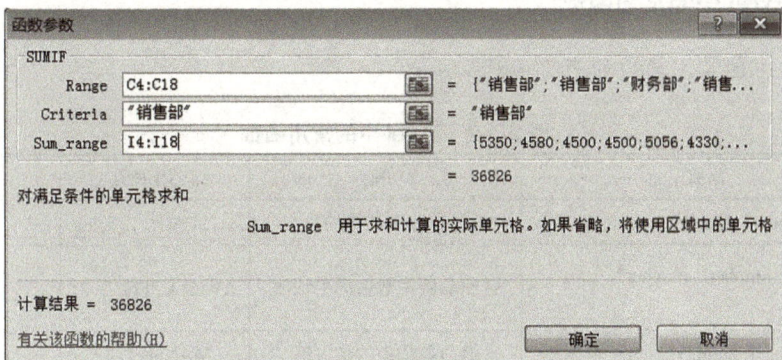

图 2-4-14　设置条件求和函数对话框

步骤7　按照步骤5和步骤6的方法计算"财务部"和"服务部"的工资，计算结果如图 2-4-11 所示。

步骤8　以原文件名保存工作簿并退出 Excel。

## 【知识链接】

### 一、函数的使用

函数的形式：函数名（参数列表）

在使用函数时常常需要选择数据区域，如果需要选择不连续的数据区域时，可以按住 Ctrl 键选择相应的不连续区域。如 SUM(A2, E10)，相当是公式 =A2+E10，这是不连续的单元区域。而 SUM(A2:E10) 是计算从 A2 单元格开始至 E10 单元格的一片连续的区域。所以，SUM(A2, E10) 和 SUM(A2:E10) 是不同的。

### 二、IF 函数的比较运算符

在使用 IF 函数计算时，需要进行条件判断。在条件表达中常常要用到比较运算符，比较运算符如表 2-4-1 所示。

表 2-4-1　Excel 中的比较运算符

| 运算符 | 含义 |
| --- | --- |
| = | 等于 |
| > | 大于 |
| < | 小于 |
| >= | 大于等于 |
| <= | 小于等于 |
| <> | 不等于 |

### 三、Excel 中的常用函数

Excel 中的常用函数如表 2-4-2 所示。

表 2-4-2　Excel 中的常用函数

| 函数 | 功能 | 应用举例 | 结果 |
| --- | --- | --- | --- |
| SUM(number1, number2, …, number30) | 返回参数中数值的总和 | SUM(1, 2, 3) | 6 |
| AVERAGE(number1, number2, …, number30) | 返回参数中数值的平均值 | AVERAGE(1, 2, 3) | 2 |
| MAX(number1, number2, …) | 返回参数中的最大值 | MAX(1, 2, 3) | 3 |
| MIN(number1, number2, …) | 返回参数中的最小值 | MIN(1, 2, 3) | 1 |
| MODE(number1, number2, …) | 返回参数中的众数 | MODE(1, 2, 3, 2) | 2 |
| COUNT(number1, number2, …) | 求参数中数值数据的个数 | COUNT(A2:A8) | 计算单元格区域 A2～A8 中包含数字的单元格的个数 |

| 函数 | 功能 | 应用举例 | 结果 |
|---|---|---|---|
| IF(logical_test, value_if_true,value_if_false) logical_test 逻辑判断表达式； value_if_true 当判断条件为逻辑"真（TRUE）"时的显示内容；value_if_false 当判断条件为逻辑"假（FALSE）"时的显示内容 | 根据给定条件判断其真假，返回相对应的内容 | IF(5>2, 10, 15) | 10 |
| SUMIF(range,criteria,sum_range) range 用于条件计算的单元格区域；criteria 用于确定对哪些单元格求和的条件，其形式可以为数字、表达式、单元格引用、文本或函数；sum_range 要求和的实际单元格 | 对区域（区域：工作表上的两个或多个单元格。区域中的单元格可以相邻或不相邻）中符合指定条件的值求和 | SUMIF(A2:A5, ">160000", B2:B5) | 高于 160000 的数据之和 |
| COUNTIF(range,criteria) range 要对其进行计数的一个或多个单元格，其中包括数字或名称、数组或包含数字的引用；criteria 用于定义将对哪些单元格进行计数的数字、表达式、单元格引用或文本字符串 | 对区域中满足单个指定条件的单元格进行计数 | COUNTIF(B1:B13, ">=60") | 统计出 B1 ～ B13 单元格区域中，数值大于等于 80 的单元格个数 |
| RANK(Number, ref,order) Number 需要找到排位的数字；ref 数字列表数组或对数字列表的引用；order 一数字，指明数字排位的方式 | 返回一个数字在数字列表中的排位 | RANK(B2, $B$2:$B$31, 0) | |

## 项目总结

　　本项目通过员工工资表的制作过程，主要学习了函数结构、函数输入方法、函数参数的设置，并能根据工作中的需要，使用函数处理工作中的任务，解决工作中的问题。当大家完成这个员工工资表后，相信其他形式的工资表也能自己完成了。

## 项目评价

### 项目评价表

| 项目名称 | | | | |
|---|---|---|---|---|
| 项目人员 | | | | |
| 评价项目 | 评价内容 | 学生自评 | 小组互评 | 教师评价 |
| 知识 | 掌握公式的结构 | | | |
| | 掌握函数的结构、掌握常用函数 | | | |
| | 理解相对地址和绝对地址 | | | |

续表

| 评价项目 | 评价内容 | 学生自评 | 小组互评 | 教师评价 |
|---|---|---|---|---|
| 技能 | 熟练运用公式进行数据计算 | | | |
| | 能根据需要，选择合适的函数 | | | |
| 情感态度 | 能自主学习，探究项目解决方案 | | | |
| | 能运用本项目知识解决实际问题 | | | |
| | 能与同学合作交流，分享学习成果 | | | |
| 总评 | | | | |

备注：学生自评、小组互评、教师评价的评价标准：A. 优秀　B. 良好　C. 及格　D. 不及格
总评指教师对学生小组成员整体的评价，或是教学反思，采用评语方式。

## 拓展练习

### 练习一　学生身高情况统计表

练习一的效果图如图 2-4-15 所示。

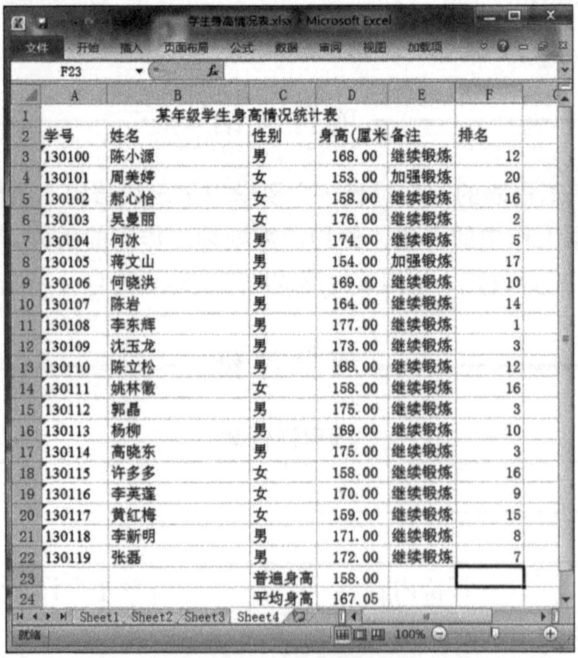

| 某年级学生身高情况统计表 | | | | | |
|---|---|---|---|---|---|
| 学号 | 姓名 | 性别 | 身高(厘米 | 备注 | 排名 |
| 130100 | 陈小源 | 男 | 168.00 | 继续锻炼 | 12 |
| 130101 | 周美婷 | 女 | 153.00 | 加强锻炼 | 20 |
| 130102 | 郝心怡 | 女 | 158.00 | 继续锻炼 | 16 |
| 130103 | 吴曼丽 | 女 | 176.00 | 继续锻炼 | 2 |
| 130104 | 何冰 | 男 | 174.00 | 继续锻炼 | 5 |
| 130105 | 蒋文山 | 男 | 154.00 | 加强锻炼 | 17 |
| 130106 | 何晓洪 | 男 | 169.00 | 继续锻炼 | 10 |
| 130107 | 陈岩 | 男 | 164.00 | 继续锻炼 | 14 |
| 130108 | 李东辉 | 男 | 177.00 | 继续锻炼 | 1 |
| 130109 | 沈玉龙 | 男 | 173.00 | 继续锻炼 | 3 |
| 130110 | 陈立松 | 男 | 168.00 | 继续锻炼 | 12 |
| 130111 | 姚林徽 | 女 | 158.00 | 继续锻炼 | 16 |
| 130112 | 郭晶 | 男 | 175.00 | 继续锻炼 | 3 |
| 130113 | 杨柳 | 男 | 169.00 | 继续锻炼 | 10 |
| 130114 | 高晓东 | 男 | 175.00 | 继续锻炼 | 3 |
| 130115 | 许多多 | 女 | 158.00 | 继续锻炼 | 16 |
| 130116 | 李英莲 | 女 | 170.00 | 继续锻炼 | 9 |
| 130117 | 黄红梅 | 女 | 159.00 | 继续锻炼 | 15 |
| 130118 | 李新明 | 男 | 171.00 | 继续锻炼 | 8 |
| 130119 | 张磊 | 男 | 172.00 | 继续锻炼 | 7 |
| | | 普遍身高 | 158.00 | | |
| | | 平均身高 | 167.05 | | |

图 2-4-15　学生身高情况统计表效果图

步骤提示：

（1）打开工作簿文件“学生身高情况表 .xlsx”。

（2）利用 MODE 函数计算出学生的普遍身高置于 D23 单元格内。

（3）利用 AVERAGE 计算出学生的平均身高置于 D24 单元格内。

（4）利用 IF 函数添加“备注”列内容，如果学生的身高在 158cm 及以上，在“备注”列显示“继续锻炼”信息；如果身高在 158 厘米以下，则显示“加强锻炼”信息。

（5）按照身高对学生进行排名，排名方式为降序（使用 RANK 函数）。

（6）效果如图 2-4-15 所示，以原文件名保存工作簿文件。

## 练习二 鸿达公司人员情况表

练习二的效果图如图 2-4-16 所示。

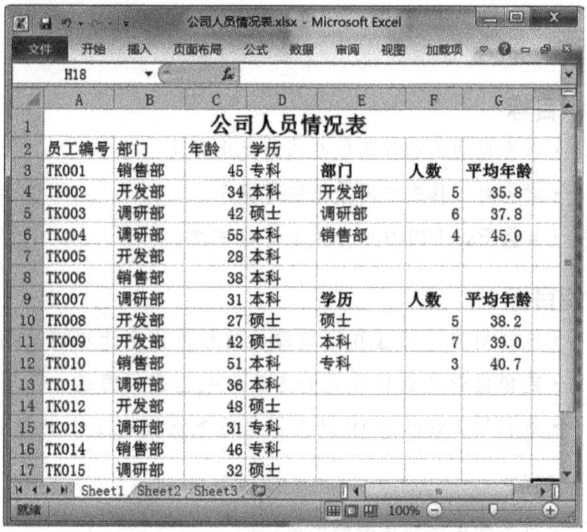

| | A | B | C | D | E | F | G |
|---|---|---|---|---|---|---|---|
| 1 | 公司人员情况表 | | | | | | |
| 2 | 员工编号 | 部门 | 年龄 | 学历 | | | |
| 3 | TK001 | 销售部 | 45 | 专科 | 部门 | 人数 | 平均年龄 |
| 4 | TK002 | 开发部 | 34 | 本科 | 开发部 | 5 | 35.8 |
| 5 | TK003 | 调研部 | 42 | 硕士 | 调研部 | 6 | 37.8 |
| 6 | TK004 | 调研部 | 55 | 本科 | 销售部 | 4 | 45.0 |
| 7 | TK005 | 开发部 | 28 | 本科 | | | |
| 8 | TK006 | 销售部 | 38 | 本科 | | | |
| 9 | TK007 | 调研部 | 31 | 本科 | 学历 | 人数 | 平均年龄 |
| 10 | TK008 | 开发部 | 27 | 硕士 | 硕士 | 5 | 38.2 |
| 11 | TK009 | 开发部 | 42 | 硕士 | 本科 | 7 | 39.0 |
| 12 | TK010 | 销售部 | 51 | 本科 | 专科 | 3 | 40.7 |
| 13 | TK011 | 调研部 | 36 | 本科 | | | |
| 14 | TK012 | 开发部 | 48 | 硕士 | | | |
| 15 | TK013 | 调研部 | 31 | 专科 | | | |
| 16 | TK014 | 销售部 | 46 | 专科 | | | |
| 17 | TK015 | 调研部 | 32 | 硕士 | | | |



图 2-4-16 公司人员情况表效果图

步骤提示：

（1）打开工作簿文件“公司人员情况表 .xlsx”。

（2）利用 COUNTIF 函数、SUMIF 函数统计各个部门的人数及平均年龄。

（3）利用 COUNTIF 函数、SUMIF 函数统计各学历人数及平均年龄。

（4）效果如图 2-4-16 所示，以“公司人员情况表完成 .xlsx”为文件名另存工作簿文件。

项目 **2-5**

# 产品销售情况分析表制作

学习目标 ☞

**知识目标**

- 掌握自动筛选和高级筛选的使用方法。
- 学会对工作表中的数据进行排序。
- 掌握 Excel 2010 中分类汇总的方法。

**技能目标**

- 能利用自动筛选和高级筛选两种方法筛选出满足条件的数据。
- 能根据需要选择合适的方法对数据进行筛选。
- 能利用 Excel 2010 分类汇总的方法解决工作中的实际问题。

**情感目标**

- 培养学生主动思考的能力。
- 培养学生的自我探索与团队合作精神。

项目描述 ☞

　　数据分析是日常工作中常需要处理的问题。通过本项目的学习，将会提高大家处理、分析数据的能力，为今后的工作打下坚实的基础。要将产品销售情况表中的信息进行归类整理，可以使用 Excel 2010 所提供的"数据筛选"及"分类汇总"命令；筛选出符合条件的数据，使用分类汇总进行统计。因此，必须要掌握数据筛选条件的设置并能熟练运用分类汇总进行数据分析。

项目分析 ☞

　　（1）创建一个工作表。
　　（2）建立产品销售情况分析表的数据清单。
　　（3）利用排序、自动筛选、高级筛选对数据进行筛选。
　　（4）对数据清单进行分类汇总。
　　（5）分析数据。

效果展示 ☞

　　项目完成效果见图 2-5-1。

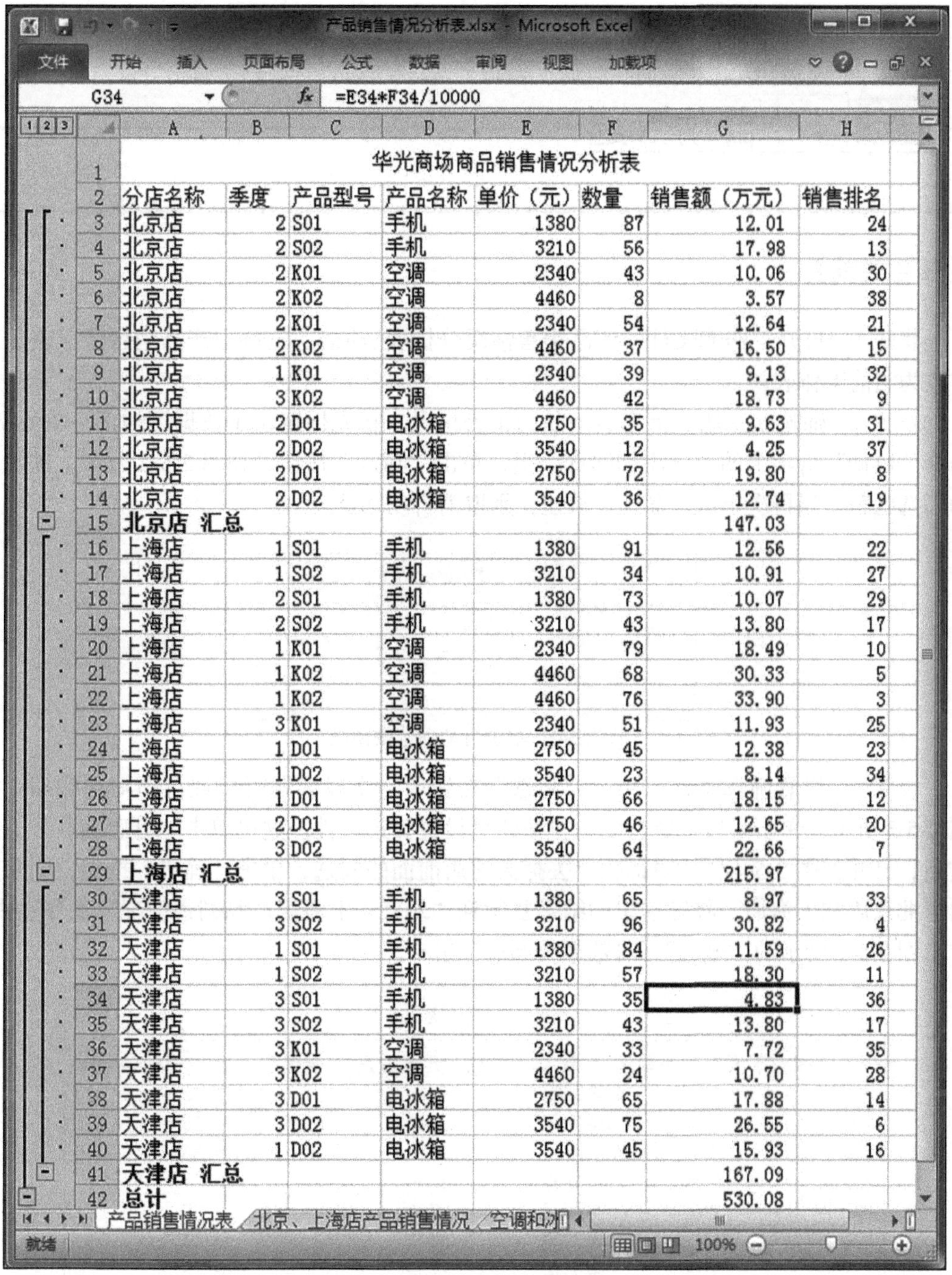

产品销售情况分析表.xlsx - Microsoft Excel

G34 =E34*F34/10000

| | A | B | C | D | E | F | G | H |
|---|---|---|---|---|---|---|---|---|
| 1 | 华光商场商品销售情况分析表 | | | | | | | |
| 2 | 分店名称 | 季度 | 产品型号 | 产品名称 | 单价（元） | 数量 | 销售额（万元） | 销售排名 |
| 3 | 北京店 | 2 | S01 | 手机 | 1380 | 87 | 12.01 | 24 |
| 4 | 北京店 | 2 | S02 | 手机 | 3210 | 56 | 17.98 | 13 |
| 5 | 北京店 | 2 | K01 | 空调 | 2340 | 43 | 10.06 | 30 |
| 6 | 北京店 | 2 | K02 | 空调 | 4460 | 8 | 3.57 | 38 |
| 7 | 北京店 | 2 | K01 | 空调 | 2340 | 54 | 12.64 | 21 |
| 8 | 北京店 | 2 | K02 | 空调 | 4460 | 37 | 16.50 | 15 |
| 9 | 北京店 | 1 | K01 | 空调 | 2340 | 39 | 9.13 | 32 |
| 10 | 北京店 | 3 | K02 | 空调 | 4460 | 42 | 18.73 | 9 |
| 11 | 北京店 | 2 | D01 | 电冰箱 | 2750 | 35 | 9.63 | 31 |
| 12 | 北京店 | 2 | D02 | 电冰箱 | 3540 | 12 | 4.25 | 37 |
| 13 | 北京店 | 2 | D01 | 电冰箱 | 2750 | 72 | 19.80 | 8 |
| 14 | 北京店 | 2 | D02 | 电冰箱 | 3540 | 36 | 12.74 | 19 |
| 15 | **北京店 汇总** | | | | | | 147.03 | |
| 16 | 上海店 | 1 | S01 | 手机 | 1380 | 91 | 12.56 | 22 |
| 17 | 上海店 | 1 | S02 | 手机 | 3210 | 34 | 10.91 | 27 |
| 18 | 上海店 | 2 | S01 | 手机 | 1380 | 73 | 10.07 | 29 |
| 19 | 上海店 | 2 | S02 | 手机 | 3210 | 43 | 13.80 | 17 |
| 20 | 上海店 | 1 | K01 | 空调 | 2340 | 79 | 18.49 | 10 |
| 21 | 上海店 | 1 | K02 | 空调 | 4460 | 68 | 30.33 | 5 |
| 22 | 上海店 | 1 | K02 | 空调 | 4460 | 76 | 33.90 | 3 |
| 23 | 上海店 | 3 | K01 | 空调 | 2340 | 51 | 11.93 | 25 |
| 24 | 上海店 | 1 | D01 | 电冰箱 | 2750 | 45 | 12.38 | 23 |
| 25 | 上海店 | 1 | D02 | 电冰箱 | 3540 | 23 | 8.14 | 34 |
| 26 | 上海店 | 1 | D01 | 电冰箱 | 2750 | 66 | 18.15 | 12 |
| 27 | 上海店 | 2 | D01 | 电冰箱 | 2750 | 46 | 12.65 | 20 |
| 28 | 上海店 | 3 | D02 | 电冰箱 | 3540 | 64 | 22.66 | 7 |
| 29 | **上海店 汇总** | | | | | | 215.97 | |
| 30 | 天津店 | 3 | S01 | 手机 | 1380 | 65 | 8.97 | 33 |
| 31 | 天津店 | 3 | S02 | 手机 | 3210 | 96 | 30.82 | 4 |
| 32 | 天津店 | 1 | S01 | 手机 | 1380 | 84 | 11.59 | 26 |
| 33 | 天津店 | 1 | S02 | 手机 | 3210 | 57 | 18.30 | 11 |
| 34 | 天津店 | 3 | S01 | 手机 | 1380 | 35 | 4.83 | 36 |
| 35 | 天津店 | 3 | S02 | 手机 | 3210 | 43 | 13.80 | 17 |
| 36 | 天津店 | 3 | K01 | 空调 | 2340 | 33 | 7.72 | 35 |
| 37 | 天津店 | 3 | K02 | 空调 | 4460 | 24 | 10.70 | 28 |
| 38 | 天津店 | 3 | D01 | 电冰箱 | 2750 | 65 | 17.88 | 14 |
| 39 | 天津店 | 3 | D02 | 电冰箱 | 3540 | 75 | 26.55 | 6 |
| 40 | 天津店 | 1 | D02 | 电冰箱 | 3540 | 45 | 15.93 | 16 |
| 41 | **天津店 汇总** | | | | | | 167.09 | |
| 42 | **总计** | | | | | | 530.08 | |

产品销售情况表 / 北京、上海店产品销售情况 / 空调和冰

图 2-5-1 产品销售情况分析表效果图

项目资源所在位置：\办公软件项目教程\项目 2-5。

## 任务 1 自动筛选

【任务实施】

**步骤 1** 打开工作簿文件"产品销售情况分析表.xlsx",选择"产品销售情况表"工作表为当前工作表。

**步骤 2** 筛选北京店、上海店产品的销售情况。将光标定位于数据区的任一单元格,选择"数据"选项卡的"排序和筛选"组,单击"筛选"按钮,如图 2-5-2 所示,进入自动筛选状态。当再次单击"筛选"按钮,则取消自动筛选。

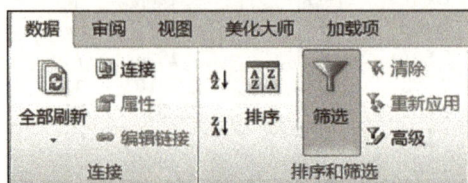

图 2-5-2 单击自动筛选按钮图

**步骤 3** 设置筛选条件。单击"筛选"按钮后,字段标题行出现自动筛选状态,如图 2-5-3 所示。单击字段标题行的下拉按钮可设置筛选条件。这里单击"分店名称"下拉按钮,打开如图 2-5-4 所示对话框,去掉天津店前面的勾选,单击"确定"按钮,则筛选出了北京店和上海店,将筛选出的结果复制到"北京、上海店产品销售情况"工作表中。单击图 2-5-4 所示的"全选",将数据全部显示出来。

| 华光商场商品销售情况分析表 | | | | | | | |
|---|---|---|---|---|---|---|---|
| 分店名称 | 季度 | 产品型 | 产品名 | 单价(元) | 数量 | 销售额(万元) | 销售排 |
| 北京店 | 2 | D01 | 电冰箱 | 2750 | 35 | 9.63 | 29 |
| 北京店 | 2 | D02 | 电冰箱 | 3540 | 12 | 4.25 | 35 |
| 北京店 | 2 | D01 | 电冰箱 | 2750 | 72 | 19.80 | 6 |
| 北京店 | 2 | D02 | 电冰箱 | 3540 | 36 | 12.74 | 17 |
| 上海店 | 1 | D01 | 电冰箱 | 2750 | 45 | 12.38 | 21 |
| 上海店 | 1 | D02 | 电冰箱 | 3540 | 23 | 8.14 | 32 |
| 上海店 | 1 | D01 | 电冰箱 | 2750 | 66 | 18.15 | 10 |
| 上海店 | 2 | D01 | 电冰箱 | 2750 | 46 | 12.65 | 18 |
| 上海店 | 3 | D02 | 电冰箱 | 3540 | 64 | 22.66 | 5 |
| 天津店 | 3 | D01 | 电冰箱 | 2750 | 65 | 17.88 | 12 |
| 天津店 | 3 | D02 | 电冰箱 | 3540 | 75 | 26.55 | 4 |
| 天津店 | 1 | D02 | 电冰箱 | 3540 | 45 | 15.93 | 14 |

图 2-5-3 自动筛选状态

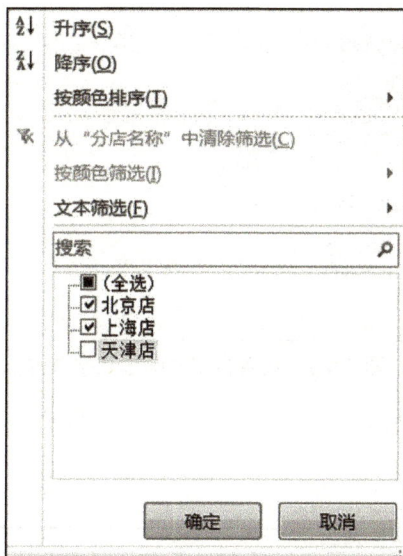

图 2-5-4　筛选北京店和上海店

**小技巧**

　　本任务也可以选择"文本筛选"下拉菜单下的"自定义筛选"命令，在打开的对话框中进行如图 2-5-5 和图 2-5-6 所示的设置。

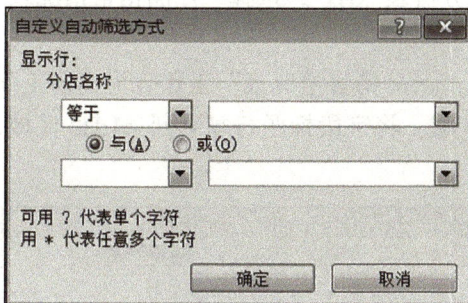

图 2-5-5　"自定义自动筛选方式"对话框

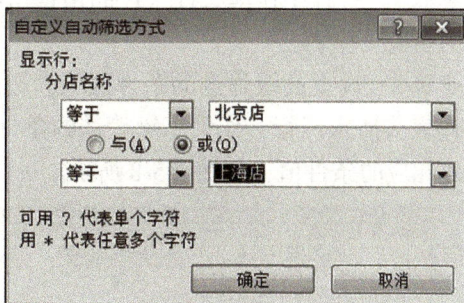

图 2-5-6　自定义筛选北京店和上海店

　　**步骤 4**　筛选出 1 季度电冰箱销售记录。首先单击标题行中"季度"的下拉按钮，选择"1 季度"，单击"确定"按钮；然后在"产品名称"下拉框中选择"电冰箱"，单击"确定"按钮即可。将筛选出的结果复制到"1 季度电冰箱销售情况"工作表后，单击图 2-5-4 所示的"全选"，显示原来全部的数据。

　　**步骤 5**　筛选出空调和电冰箱的销售额在 15 万～ 20 万元的记录。在"产品名称"下拉按钮中选择"空调"和"电冰箱"，单击"销售额"下三角按钮，选择"数字筛选"下的"自定义筛选"，在打开的对话框中设置筛选条件，如图 2-5-7 所示。

　　**步骤 6**　将筛选出的结果复制到"空调和冰箱销售额（15 万至 20 万）"工作表中。

　　**步骤 7**　单击"数据"选项卡"排序和筛选"组中的"筛选"按钮，取消自动筛选，以原文件名保存工作簿文件。

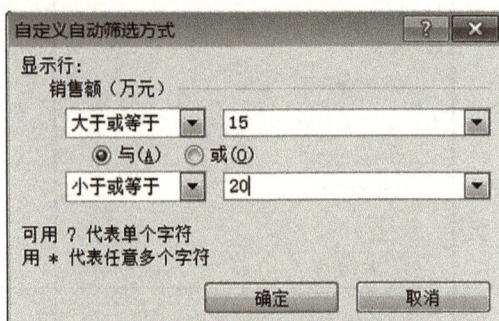

图 2-5-7　设置自定义筛选数字条件

# 任务 2 高级筛选

## 【任务实施】

**步骤 1**　打开工作簿文件"产品销售情况分析表 .xlsx",选择"产品销售情况表"工作表为当前工作表。

**步骤 2**　设置高级筛选的条件区域。选择"产品销售情况表"工作表为当前工作表,在工作表前插入三行,作为高级筛选的条件区域,将字段标题行复制到 A1:H3 区域,然后输入相应的条件值,如图 2-5-8 所示。

| | A | B | C | D | E | F | G | H | I |
|---|---|---|---|---|---|---|---|---|---|
| 1 | | | | 产品名称 | | | | 销售排名 | |
| 2 | | | | 手机 | | | | <=10 | |
| 3 | | | | | | | | | |

图 2-5-8　建立高级筛选的条件区域

> **小技巧**
>
> 如果各字段的条件值设置在同一行,则条件之间为"与"关系;如果设置在不同的行,则条件之间为"或"关系。

**步骤 3**　设置高级筛选的参数。将光标定位于数据区中的任一单元格,选择"数据"选项卡中的"排序和筛选"组,单击"高级"命令按钮,打开"高级筛选"对话框,设置如图 2-5-9 所示,单击"确定"按钮即可看到筛选结果。

> **小技巧**
>
> 如果在高级筛选对话框中选择"将筛选结果复制到其他位置"项,将可以在工作表中看到原工作中的数据和筛选出的满足条件的数据。

**步骤 4**　将筛选结果复制到"前 10 名手机"工作表。

步骤 5　确认当前工作表为"产品销售情况表"，在"数据"选项卡中的"排序和筛选"组中，单击"清除"按钮取消高级筛选，并将工作表的前三行删除。

步骤 6　选择"文件"—"保存"命令，以原文件名保存工作簿文件。

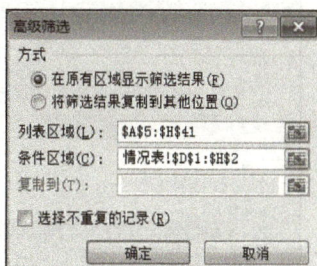

图 2-5-9　高级筛选设置

# 任务 3　数据排序和分类汇总

## 【任务实施】

步骤 1　打开工作簿文件"产品销售情况分析表 .xlsx"，选择"产品销售情况表"工作表为当前工作表。

步骤 2　对工作表进行排序。将光标定位于数据区中的任一单元格，选择"数据"选项卡中"排序和筛选"组中的"排序"按钮，打开"排序"对话框。在"主要关键字"行中分别选择"分店名称"、"数值"、"升序"。单击"添加条件"按钮，添加次要关键字行，在"次要关键字"行中分别选择"销售排名"、"数值"、"降序"，如图 2-5-10 所示，单击"确定"按钮。

步骤 3　对数据进行分类汇总。将光标定位于数据区中的任一单元格，在"数据"选项卡的"分级显示"组中，单击"分类汇总"按钮，打开"分类汇总"对话框。在对话框中进行如下设置："分类字段"选择"分店名称"，"汇总方式"为"求和"，"选定汇总项"为"销售额（万元）"，其他项使用默认值，如图 2-5-11 所示，单击"确定"按钮。

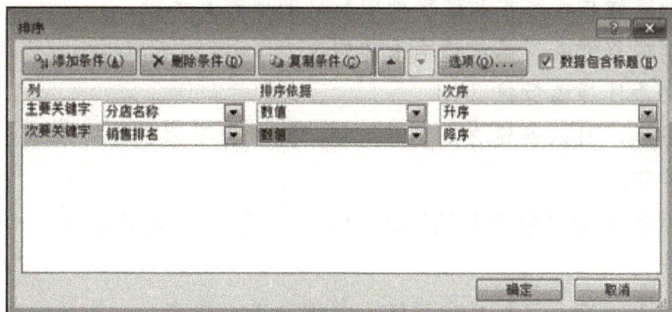

图 2-5-10　设置数据排序选项

步骤 4　在工作表左上角分级显示中选择 2，汇总结果如图 2-5-12 所示。

步骤 5　以"产品销售情况分析表 .xlsx"为文件名保存工作簿。

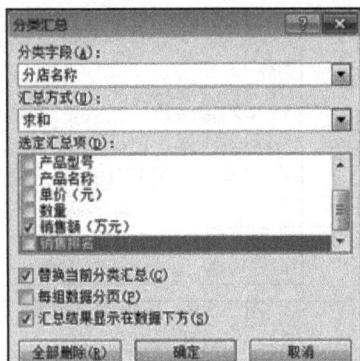

图 2-5-11　设置分类汇总选项

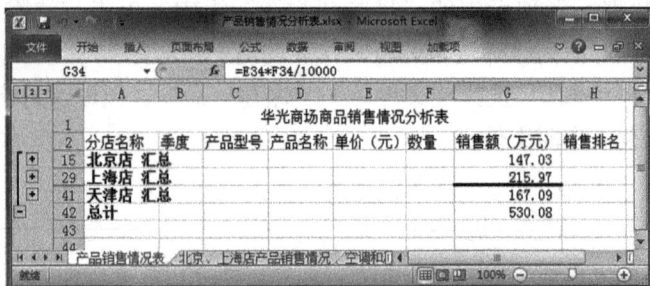

图 2-5-12　分类汇总 2 级显示图

## 【知识链接】

### 一、数据筛选

筛选功能可以快速查找数值，可以筛选一个或多个数据列。筛选不仅能显示想要的内容，而且还能控制要排除的内容。在筛选操作中，可以使用筛选器界面中的"搜索"框来搜索文本和数字。

在筛选数据时，如果一个或多个列中的数值不能满足筛选条件，整行数据都会隐藏起来。可以按数字值或文本值筛选，或按单元格颜色筛选那些设置了背景色或文本颜色的单元格。

筛选方法：在"数据"选项卡上的"排序和筛选"组中，单击"筛选"按钮。单击列标题中的下三角符号，会显示一个筛选器选择列表。

**1.通过选择值或搜索进行筛选**

（1）使用"搜索"框输入要搜索的文本或数字。

（2）选中或清除用于显示从数据列中找到的值的复选框。

（3）使用高级条件查找满足特定条件的值。

**2.按指定的条件筛选数据**

通过指定条件，可以创建自定义筛选器，按照需要缩小数据范围。可以通过构建筛选器实现此操作。

（1）指向列表中的"数字筛选"或"文本筛选"，随即会出现一个菜单，按不同的条件进行筛选。

（2）选择一个条件，然后选择或输入其他条件。单击"与"按钮组合条件，即筛选结果必须同时满足两个或更多条件；而选择"或"按钮时只需要满足多个条件之一即可。

（3）单击"确定"按钮应用筛选器并获取所需结果。

## 二、取消筛选

取消对某列的筛选，单击该列列标志后的下三角符号，在下拉列表中选择"从××中删除清除筛选"。

取消自动筛选，单击"数据"选项卡中"排序和筛选"组的"筛选"按钮。

## 三、数据分类汇总

分类汇总是对数据清单上的数据进行分析的一种方法。Excel 可以使用函数实现分类和汇总，汇总函数有求和、求平均值、最大值等。使用分类汇总可以按照用户选择的方式对数据进行汇总，自动建立分级显示，并在数据清单中插入汇总行和分类汇总行。

操作方法：对分类字段进行排序，选择需要分析的数据，单击"数据"选项卡的"分类汇总"按钮，在"分类汇总"对话框中设置分类汇总项。

## 项目总结

通过"产品销售情况分析表"的制作过程，主要学习了 Excel 2010 提供的数据排序、数据筛选、数据分类汇总等操作方法和技巧。通过本项目的学习，掌握利用 Excel 提供的工具对工作表中的数据进行有效的分析和处理，汇总出想要的结果。

## 项目评价

### 项目评价表

| 项目名称 | | | | |
|---|---|---|---|---|
| 项目人员 | | | | |
| 评价项目 | 评价内容 | 学生自评 | 小组互评 | 教师评价 |
| 知识 | 掌握自动筛选的用法 | | | |
| | 掌握高级筛选的条件设置及用法 | | | |
| | 掌握数据的排序及分类汇总 | | | |
| 技能 | 熟练利用自动筛选筛选出满足条件的数据 | | | |
| | 能根据需要，选择自动筛选或高级筛选方法解决实际问题 | | | |
| | 能根据需要使用分类汇总分析数据 | | | |

续表

| 评价项目 | 评价内容 | 学生自评 | 小组互评 | 教师评价 |
| --- | --- | --- | --- | --- |
| 情感态度 | 能自主学习，探究项目解决办法 | | | |
| | 能运用本项目知识解决实际问题 | | | |
| | 能与同学合作交流，分享学习成果 | | | |
| 总评 | | | | |

备注：学生自评、小组互评、教师评价的评价标准：A. 优秀　B. 良好　C. 及格　D. 不及格
总评指教师对学生小组成员整体的评价，或是教学反思，采用评语方式。

## 拓展练习

### 练习　学生成绩分析表

练习的效果图如图 2-5-13 所示。

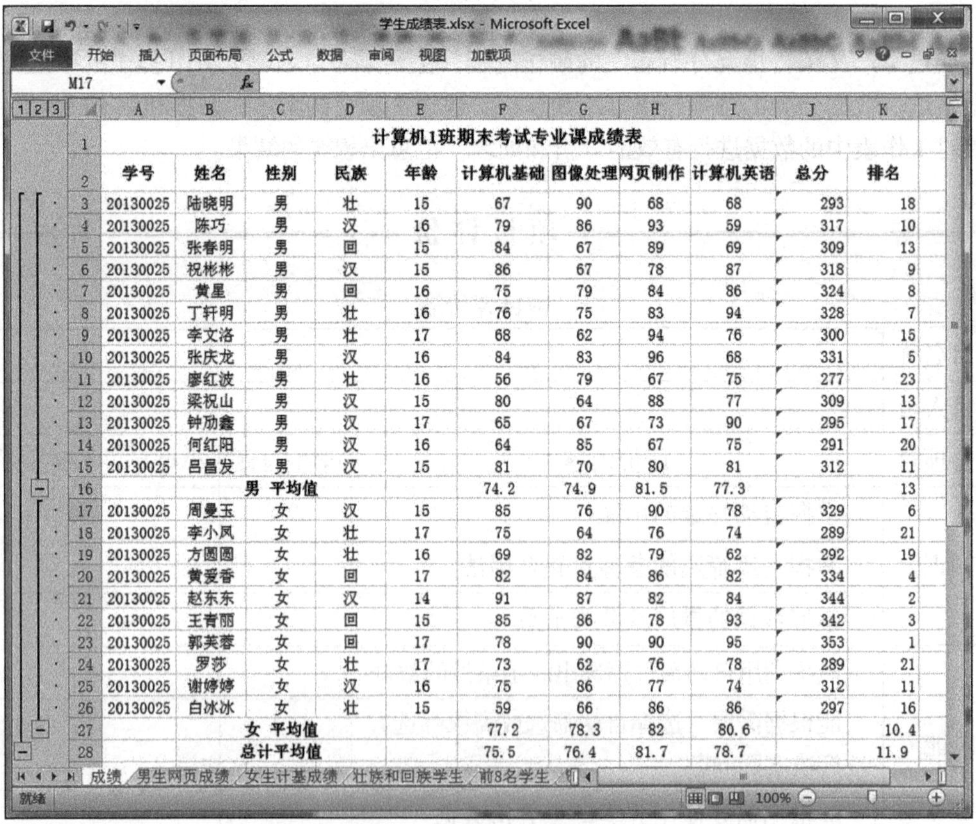


计算机1班期末考试专业课成绩表

| 学号 | 姓名 | 性别 | 民族 | 年龄 | 计算机基础 | 图像处理 | 网页制作 | 计算机英语 | 总分 | 排名 |
| --- | --- | --- | --- | --- | --- | --- | --- | --- | --- | --- |
| 20130025 | 陆晓明 | 男 | 壮 | 15 | 67 | 90 | 68 | 68 | 293 | 18 |
| 20130025 | 陈巧 | 男 | 汉 | 16 | 79 | 86 | 93 | 59 | 317 | 10 |
| 20130025 | 张春明 | 男 | 回 | 15 | 84 | 67 | 89 | 69 | 309 | 13 |
| 20130025 | 祝彬彬 | 男 | 汉 | 15 | 86 | 67 | 78 | 87 | 318 | 9 |
| 20130025 | 黄星 | 男 | 回 | 16 | 75 | 79 | 84 | 86 | 324 | 8 |
| 20130025 | 丁轩明 | 男 | 壮 | 16 | 76 | 75 | 83 | 94 | 328 | 7 |
| 20130025 | 李文洛 | 男 | 壮 | 17 | 68 | 62 | 94 | 76 | 300 | 15 |
| 20130025 | 张庆龙 | 男 | 汉 | 16 | 84 | 83 | 96 | 68 | 331 | 5 |
| 20130025 | 廖红波 | 男 | 壮 | 16 | 56 | 79 | 67 | 75 | 277 | 23 |
| 20130025 | 梁祝山 | 男 | 汉 | 15 | 80 | 64 | 88 | 77 | 309 | 13 |
| 20130025 | 钟劢鑫 | 男 | 汉 | 17 | 65 | 67 | 73 | 90 | 295 | 17 |
| 20130025 | 何红阳 | 男 | 汉 | 16 | 64 | 85 | 67 | 75 | 291 | 20 |
| 20130025 | 吕昌发 | 男 | 汉 | 15 | 81 | 70 | 80 | 81 | 312 | 11 |
| | | 男 平均值 | | | 74.2 | 74.9 | 81.5 | 77.3 | | 13 |
| 20130025 | 周曼玉 | 女 | 汉 | 15 | 85 | 76 | 90 | 78 | 329 | 6 |
| 20130025 | 李小凤 | 女 | 壮 | 17 | 75 | 64 | 76 | 74 | 289 | 21 |
| 20130025 | 方圆圆 | 女 | 壮 | 16 | 69 | 82 | 79 | 62 | 292 | 19 |
| 20130025 | 黄爱香 | 女 | 回 | 17 | 82 | 84 | 86 | 82 | 334 | 4 |
| 20130025 | 赵东东 | 女 | 汉 | 14 | 91 | 87 | 82 | 84 | 344 | 2 |
| 20130025 | 王青丽 | 女 | 回 | 15 | 85 | 86 | 78 | 93 | 342 | 3 |
| 20130025 | 郭芙蓉 | 女 | 回 | 17 | 78 | 90 | 90 | 95 | 353 | 1 |
| 20130025 | 罗莎 | 女 | 壮 | 17 | 73 | 62 | 76 | 78 | 289 | 21 |
| 20130025 | 谢婷婷 | 女 | 汉 | 16 | 75 | 86 | 77 | 74 | 312 | 11 |
| 20130025 | 白冰冰 | 女 | 壮 | 15 | 59 | 66 | 86 | 86 | 297 | 16 |
| | | 女 平均值 | | | 77.2 | 78.3 | 82 | 80.6 | | 10.4 |
| | | 总计平均值 | | | 75.5 | 76.4 | 81.7 | 78.7 | | 11.9 |

图 2-5-13　学生成绩分析表效果图

步骤提示：

（1）打开工作簿文件“学生成绩表 .xlsx”，选择“成绩”工作表，如图 2-5-14 所示。

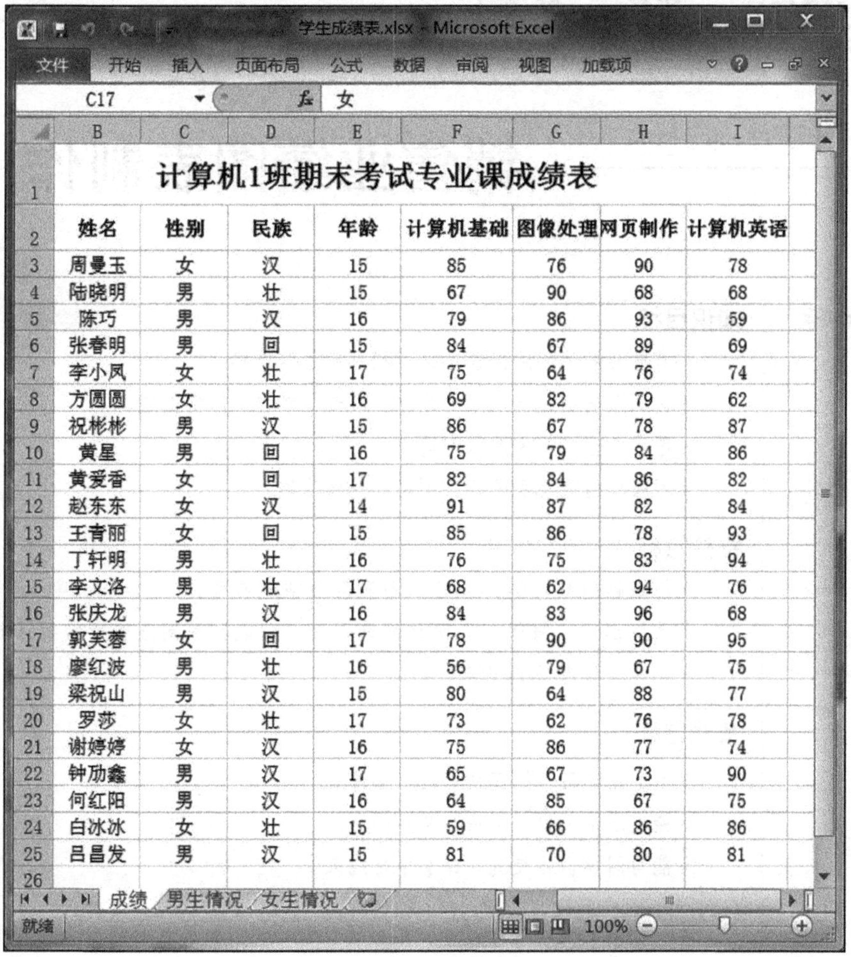

计算机1班期末考试专业课成绩表

| 姓名 | 性别 | 民族 | 年龄 | 计算机基础 | 图像处理 | 网页制作 | 计算机英语 |
|---|---|---|---|---|---|---|---|
| 周曼玉 | 女 | 汉 | 15 | 85 | 76 | 90 | 78 |
| 陆晓明 | 男 | 壮 | 15 | 67 | 90 | 68 | 68 |
| 陈巧 | 男 | 汉 | 16 | 79 | 86 | 93 | 59 |
| 张春明 | 男 | 回 | 15 | 84 | 67 | 89 | 69 |
| 李小凤 | 女 | 壮 | 17 | 75 | 64 | 76 | 74 |
| 方圆圆 | 女 | 壮 | 16 | 69 | 82 | 79 | 62 |
| 祝彬彬 | 男 | 汉 | 15 | 86 | 67 | 78 | 87 |
| 黄星 | 男 | 回 | 16 | 75 | 79 | 84 | 86 |
| 黄爱香 | 女 | 回 | 17 | 82 | 84 | 86 | 82 |
| 赵东东 | 女 | 汉 | 14 | 91 | 87 | 82 | 84 |
| 王青丽 | 女 | 回 | 15 | 85 | 86 | 78 | 93 |
| 丁轩明 | 男 | 壮 | 16 | 76 | 75 | 83 | 94 |
| 李文洛 | 男 | 壮 | 17 | 68 | 62 | 94 | 76 |
| 张庆龙 | 男 | 汉 | 16 | 84 | 83 | 96 | 68 |
| 郭芙蓉 | 女 | 回 | 17 | 78 | 90 | 90 | 95 |
| 廖红波 | 男 | 壮 | 16 | 56 | 79 | 67 | 75 |
| 梁祝山 | 男 | 汉 | 15 | 80 | 64 | 88 | 77 |
| 罗莎 | 女 | 壮 | 17 | 73 | 62 | 76 | 78 |
| 谢婷婷 | 女 | 汉 | 16 | 75 | 86 | 77 | 74 |
| 钟劢鑫 | 男 | 汉 | 17 | 65 | 67 | 73 | 90 |
| 何红阳 | 男 | 汉 | 16 | 64 | 85 | 67 | 75 |
| 白冰冰 | 女 | 壮 | 15 | 59 | 66 | 86 | 86 |
| 吕昌发 | 男 | 汉 | 15 | 81 | 70 | 80 | 81 |

图 2-5-14　学生成绩分析表

（2）利用自动筛选筛选出“网页制作”成绩在 85 分及以上的男生信息，并将筛选结果复制到“男生网页成绩”工作表中。筛选出“计算机基础”成绩在 60 ～ 85 分的女生信息，并将筛选结果复制到“女生计基成绩”工作表中。

（3）利用自动筛选筛选出“壮族”和“回族”的学生信息，将筛选结果复制到“壮族和回族学生”工作表中。

（4）利用高级筛选筛选出总分在 300 以上（含 300）且排名在前 10 名的学生信息，条件设置在工作表前三行，将筛选结果复制到 A32：K40，再将结果移动到“前 10 名学生成绩”工作表中，删除工作表前三行。

（5）对“成绩”工作表中的数据进行分类汇总，分类字段为性别，汇总方式为平均值，选定汇总项为计算机基础、图像处理、网页制作、计算机英语，其他项选择默认值，汇总结果保留一位小数。

（6）最终效果如图 2-5-13 所示，保存工作簿文件。

# 项目 *2-6*

## 销售业绩图表制作

**学习目标** ☞ **知识目标**
- 掌握图表的创建方法，认识图表的基本样式。
- 认识图表的元素，学会建立、编辑、修改和修饰图表。
- 理解数据透视表及其创建方法。
- 理解数据透视表的行、列标签及数值项。

**技能目标**
- 能根据需要，选择合适的图表类型创建图表。
- 熟练创建、编辑、修改和修饰图表，并能利用图表进行数据分析。
- 学会创建数据透视表。

**情感目标**
- 能自主学习，探究项目解决办法。
- 能运用本项目知识解决实际问题。
- 能与同学合作交流，分享学习成果。

**项目描述** ☞ 在公司的日常经营活动中，随时要了解公司的产品销售情况及业务员的销售业绩，并分析地区性差异等各种因素，为公司决策者制定政策和决策提供依据。如果将这些数据制作成图表就可以直观地表达数据的变化和差异，根据公司经营性质不同，制作相应的图表。

**项目分析** ☞
(1) 创建月销售业绩工作表。
(2) 创建月销售业绩统计表的图表。
(3) 改变图表类型，设置图表元素，修改图表样式。
(4) 改变图表大小，移动并设置图表存放位置。
(5) 在图表中添加数据、删除图表中的数据及添加说明性的文字。
(6) 制作嵌入式图表及独立图表，利用相同的数据创建多种类型的图表。
(7) 创建数据透视表及选择数据透视表中行、列标题及汇总项，设置数据透视表存放位置。

**效果展示** ☞ 项目完成效果见图 2-6-1。

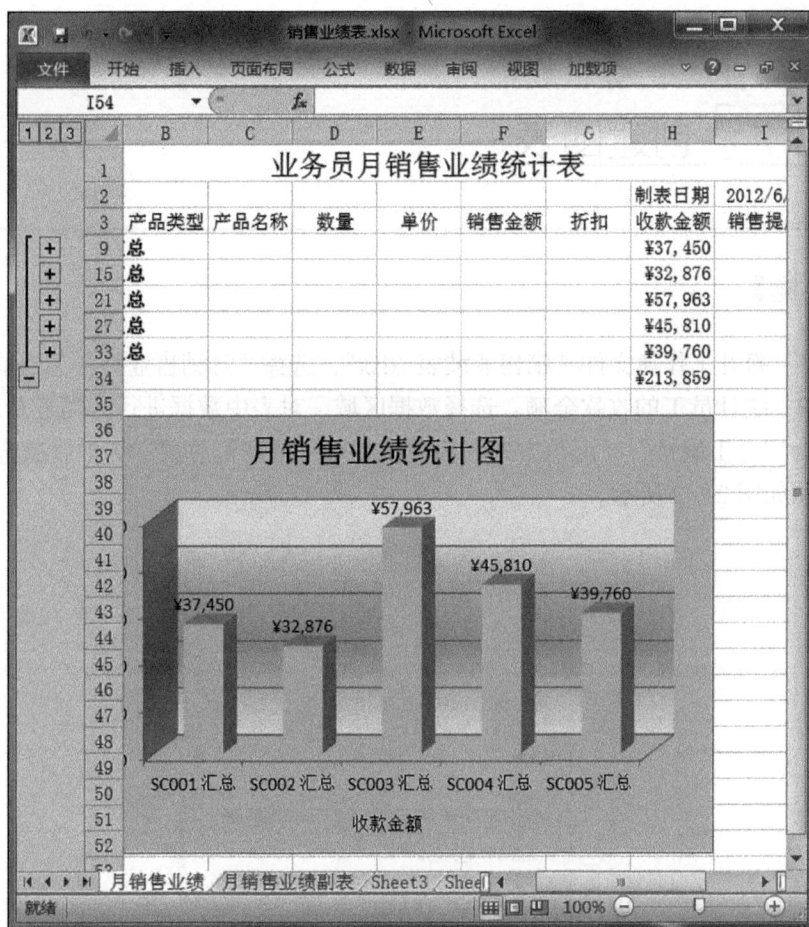

图 2-6-1　销售业绩图表效果图

项目资源所在位置：\办公软件项目教程\项目 2-6。

# 任务 1 创建图表

【任务实施】

步骤 1 打开工作簿文件"销售业绩表.xlsx",选择"月销售业绩"为当前工作表。

步骤 2 统计员工的收款金额。选择数据区域,对表中数据进行分类汇总,其中"分类字段"为"员工编号","汇总方式"为"求和","选定汇总项"为"收款金额",设定的分类汇总如图 2-6-2 所示。

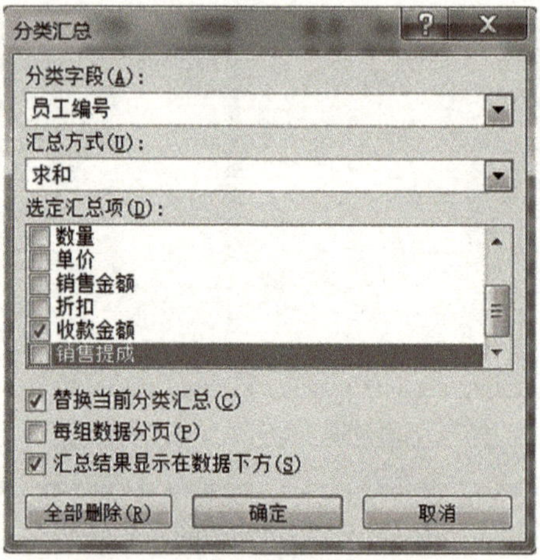

图 2-6-2 "分类汇总"对话框

步骤 3 单击"确定"按钮,显示分类汇总结果,以 2 级方式显示,可以看到每个员工的收款金额,如图 2-6-3 所示。

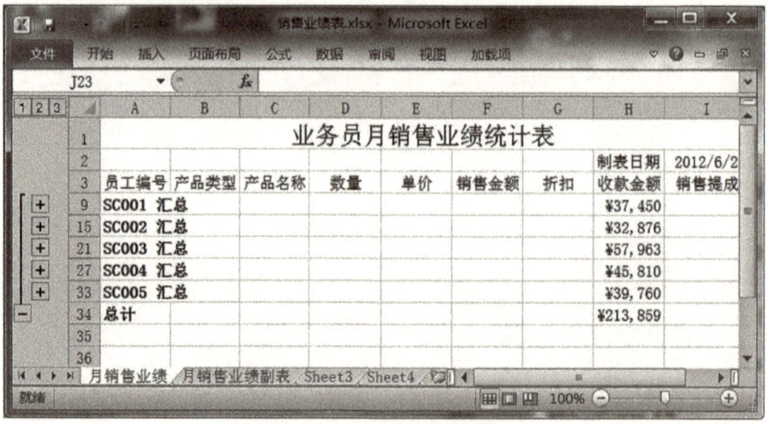

图 2-6-3 分类汇总效果图

步骤 4　创建图表。选取"员工编号"列和"收款金额"列内容，在"插入"选项卡的"图表"组中，单击"创建图表"启动器，打开"插入图表"对话框，图表类型选择"三维簇状柱形图"，如图 2-6-4 所示。

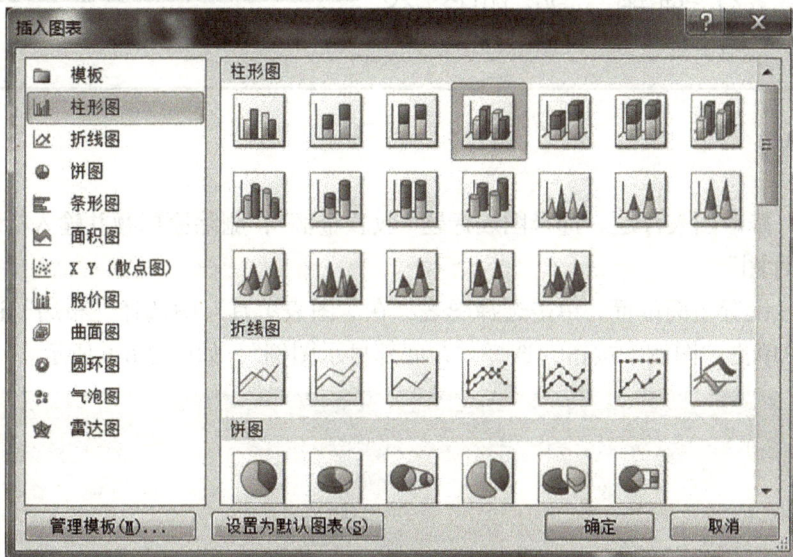

图 2-6-4　"插入图表"对话框

步骤 5　单击"确定"按钮，得到如图 2-6-5 所示的图表。

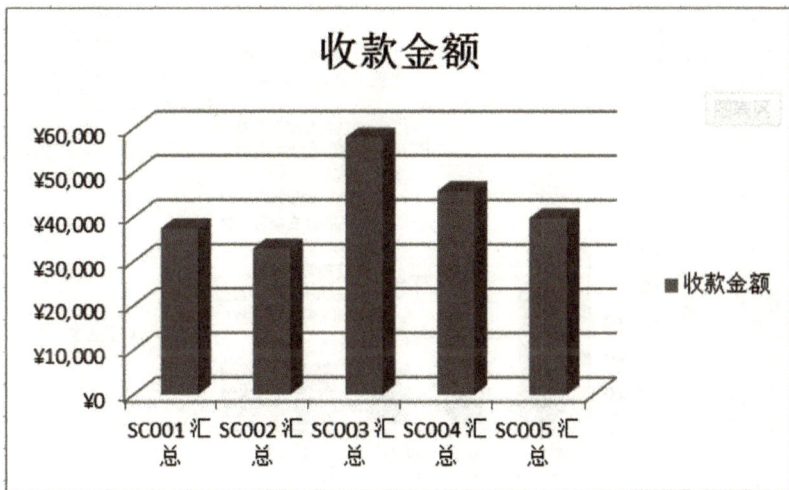

图 2-6-5　创建的图表效果

步骤 6　单击"文件"选项卡中的"保存"命令，以原文件名保存工作簿。

> **小技巧**
>
> 插入图表时，一般先选择图表数据源，再插入图表。插入图表可以直接单击图表组中各种类型图表按钮。

## 任务 2 编辑、修饰图表

【任务实施】

**步骤 1** 修改图表标题。选择图表标题"收款金额",删除原标题并输入标题文字"月销售业绩统计图"。

**步骤 2** 设置图例位置。单击选择图表,在"图表工具"中选择"布局"选项卡,在"标签"组中单击"图例"按钮,选择"在底部显示图例",如图 2-6-6 所示。

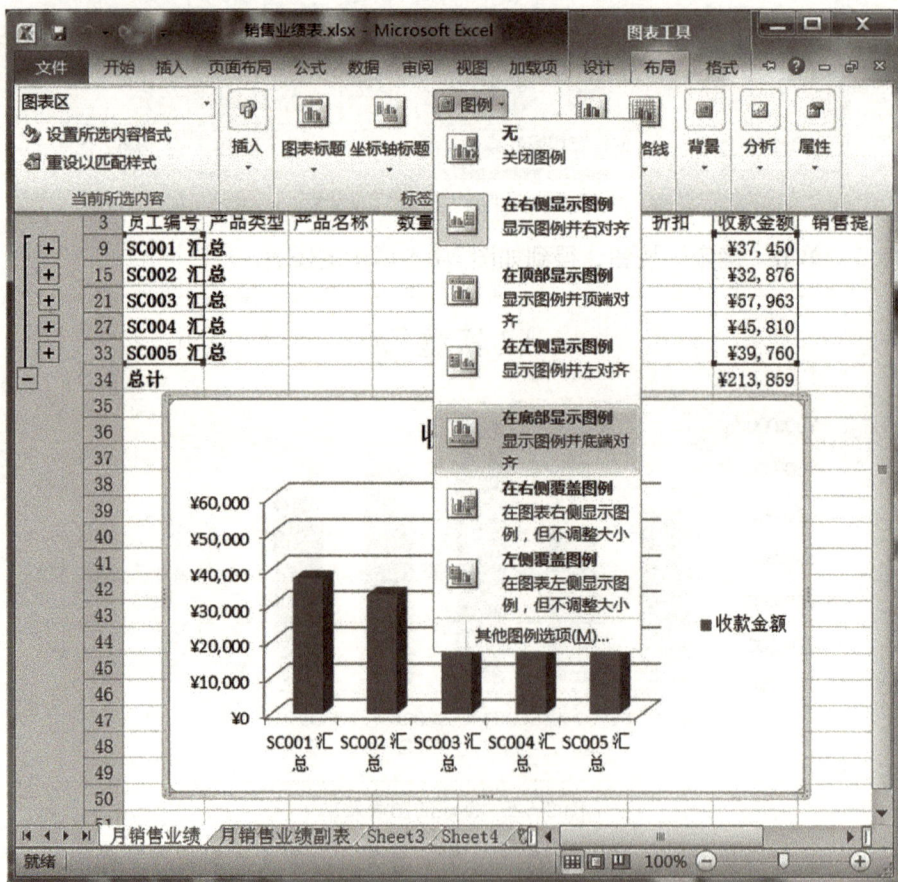

图 2-6-6 设置图例格式

**小技巧**

也可以先选择图例,然后在快捷菜单中的"设置图例格式"对话框进行图例位置的设置。

步骤 3 移动图表。将鼠标移至图表区，待鼠标指针变成四个箭头形状时，按住鼠标左键拖动至合适位置，松开鼠标左键即可。

步骤 4 调整图表大小。选中图表，将鼠标指针移至图表边缘的控制柄上，待鼠标形状变成双向箭头时，按住鼠标左键拖动，即可调整图表的高度和宽度。

步骤 5 设置图表数据系列格式。在图表中选中数据系列，单击"图表工具"中的"格式"选项卡，在"形状样式"组中，打开"设置数据系列格式"对话框。在对话框左侧选择"填充"，然后在对话框的右侧选择"纯色填充"，在"填充颜色"框中选择"水绿色 强调文字颜色5，深色 25%"。

选中数据系列，右击鼠标，在快捷菜单中选择"添加数据标签"，给数据系列添加数据标签。

步骤 6 设置背景墙颜色。将鼠标指针移至背景墙区，右击鼠标，在快捷菜单中选择"设置背景墙格式"，在打开的"设置背景墙格式"对话框中设置背面墙填充色为"渐变填充、预设颜色、麦浪滚滚"。

步骤 7 同样的方法，可以按照需要设置图表区、图表标题、图例、数据系列、背景墙、数值轴等，本例效果如图 2-6-7 所示。

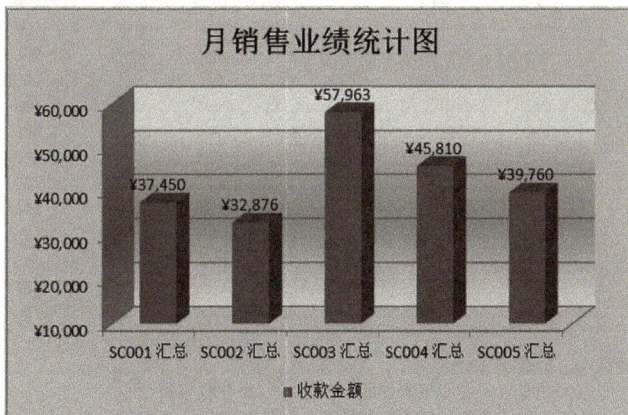

图 2-6-7 销售业绩图表效果图

步骤 8 选择"文件"中的"保存"命令，以原文件名保存工作簿文件。

**小技巧**

绘图区、图例区等图表对象大小是可以改变的，位置是可以移动的。

改变图表对象的大小：选定图表，选中改变的图表对象，当鼠标变为双向箭头时，按住鼠标左键拖动。

改变图表及图表对象位置：选定图表或选中要移动的图表对象，按下左键拖动鼠标。

删除图表及图表对象：单击要删除的图表或图表对象，按 Delete 键。

# 任务 3 创建数据透视表

【任务实施】

对工作表“销售业绩副表 ”内的数据建立数据透视表，按行为“产品名称”，列为“员工编号”，数值为“收款金额”求和布局，并置于现工作表的 A30:G37 单元格区域。效果如图 2-6-8 所示。

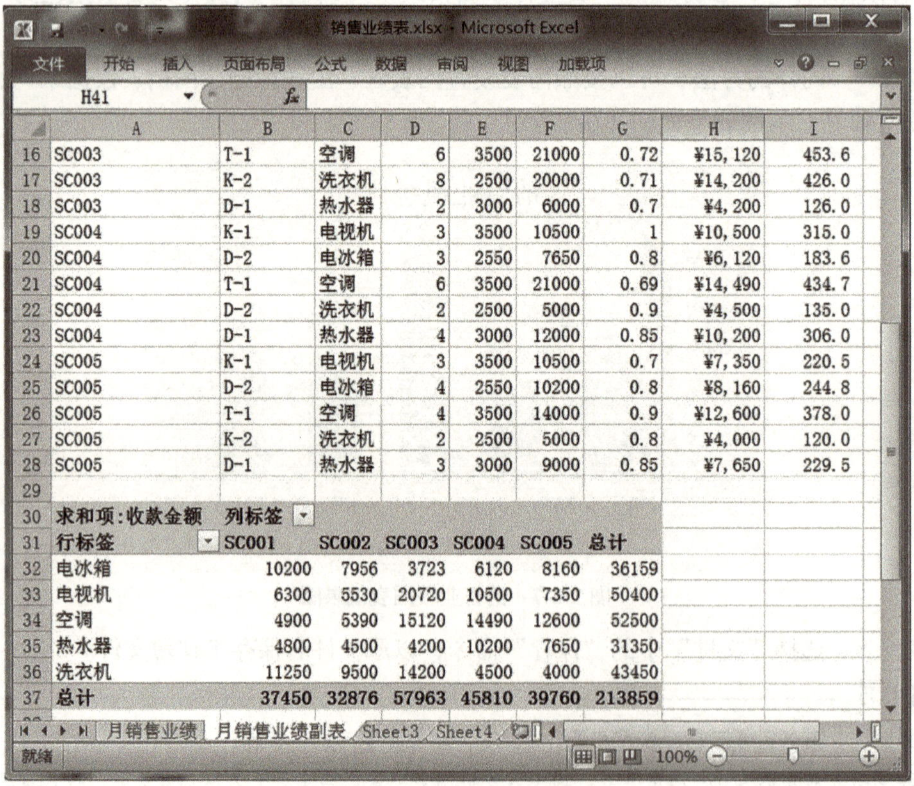


| | A | B | C | D | E | F | G | H | I |
|---|---|---|---|---|---|---|---|---|---|
| 16 | SC003 | T-1 | 空调 | 6 | 3500 | 21000 | 0.72 | ¥15,120 | 453.6 |
| 17 | SC003 | K-2 | 洗衣机 | 8 | 2500 | 20000 | 0.71 | ¥14,200 | 426.0 |
| 18 | SC003 | D-1 | 热水器 | 2 | 3000 | 6000 | 0.7 | ¥4,200 | 126.0 |
| 19 | SC004 | K-1 | 电视机 | 3 | 3500 | 10500 | 1 | ¥10,500 | 315.0 |
| 20 | SC004 | D-2 | 电冰箱 | 3 | 2550 | 7650 | 0.8 | ¥6,120 | 183.6 |
| 21 | SC004 | T-1 | 空调 | 6 | 3500 | 21000 | 0.69 | ¥14,490 | 434.7 |
| 22 | SC004 | D-2 | 洗衣机 | 2 | 2500 | 5000 | 0.9 | ¥4,500 | 135.0 |
| 23 | SC004 | D-1 | 热水器 | 4 | 3000 | 12000 | 0.85 | ¥10,200 | 306.0 |
| 24 | SC005 | K-1 | 电视机 | 3 | 3500 | 10500 | 0.7 | ¥7,350 | 220.5 |
| 25 | SC005 | D-2 | 电冰箱 | 4 | 2550 | 10200 | 0.8 | ¥8,160 | 244.8 |
| 26 | SC005 | T-1 | 空调 | 4 | 3500 | 14000 | 0.9 | ¥12,600 | 378.0 |
| 27 | SC005 | K-2 | 洗衣机 | 2 | 2500 | 5000 | 0.8 | ¥4,000 | 120.0 |
| 28 | SC005 | D-1 | 热水器 | 3 | 3000 | 9000 | 0.85 | ¥7,650 | 229.5 |
| 29 | | | | | | | | | |
| 30 | 求和项:收款金额 | 列标签 | | | | | | | |
| 31 | 行标签 | SC001 | SC002 | SC003 | SC004 | SC005 | 总计 | | |
| 32 | 电冰箱 | 10200 | 7956 | 3723 | 6120 | 8160 | 36159 | | |
| 33 | 电视机 | 6300 | 5530 | 20720 | 10500 | 7350 | 50400 | | |
| 34 | 空调 | 4900 | 5390 | 15120 | 14490 | 12600 | 52500 | | |
| 35 | 热水器 | 4800 | 4500 | 4200 | 10200 | 7650 | 31350 | | |
| 36 | 洗衣机 | 11250 | 9500 | 14200 | 4500 | 4000 | 43450 | | |
| 37 | 总计 | 37450 | 32876 | 57963 | 45810 | 39760 | 213859 | | |

图 2-6-8　数据透视表效果图

步骤 1　选择“月销售业绩副表”工作表为活动工作表，选择 A3:I28 作为建立数据透视表的单元格区域，在“插入”选项卡的“表格”组中，单击“数据透视表”按钮，在下拉菜单中选择“数据透视表”命令，打开“创建数据透视表”对话框，如图 2-6-9 所示。

步骤 2　在对话框中选择需要分析的数据，这里选择 A3:I28 单元格区域，数据透视表存放的位置选择“现有工作表”，在“位置”文本框中，选择工作表的 A30:G37 单元格区域作为存放数据透视表存放的位置，如图 2-6-10 所示。单击“确定”按钮，可以看到

数据透视表存放位置已被选择，并在工作表中显示"数据透视表字段列表"框，如图 2-6-11
所示。

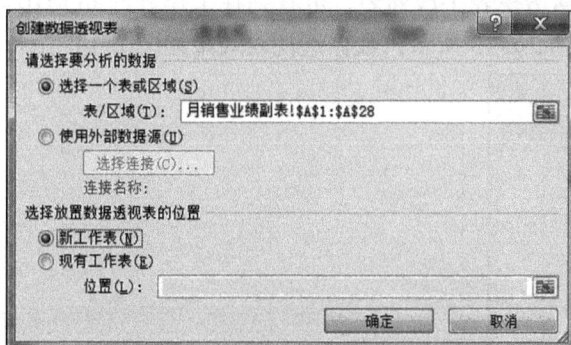

图 2-6-9　"创建数据透视表"对话框

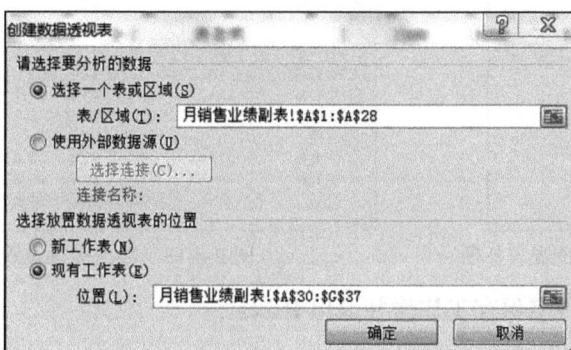

图 2-6-10　选择数据透视表存放位置图

图 2-6-11　显示数据透视表字段列表图

**步骤 3** 将"产品名称"字段拖至"行标签"框中;"员工编号"字段拖至"列标签"框中;"收款金额"字段拖至"数值"框中,"值字段"设置为"求和项",如图 2-6-12 所示。

**步骤 4** 关闭数据透视表字段列表,可看到在工作表的 I5:M10 单元格区域显示已完成的数据透视表,如图 2-6-13 所示,数据透视表效果如图 2-6-8 所示。

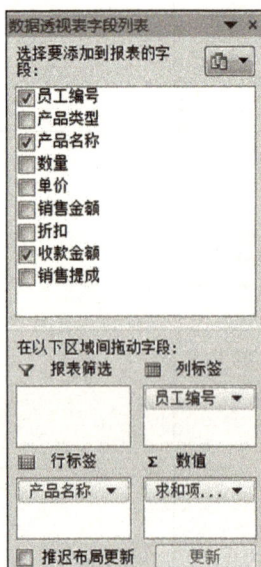

图 2-6-12 设置数据透视表各项          图 2-6-13 数据透视表效果图

**步骤 5** 以原文件名保存工作簿并退出 Excel。

**小技巧**

数据透视表中只能对数据进行查看,但不能对数据实行修改。

## 【知识链接】

### 一、创建 Excel 基本图表

Excel 图表可以将数据图表化,更直观地显示数据,使数据的比较或趋势变得一目了然。

#### 1.创建图表

选择创建图表的数据,选择"插入"选项卡中的"图表"组,选择合适的图表类型即可创建图表。

#### 2.更新图表中的数据

生成图表后,可直接修改工作中的数据,图表中的数据也会随之改变。如果要更改图表中的数据源,则可以单击"图表工具"中"设计"选项卡"数据"组的"选择数据"按钮。

#### 3.移动图表

移动图表的方法如下。

(1)选中图表,图表边框中部出现四个小点,四角上出现三个小点。

（2）将鼠标指针移至图表区待指针变成四向箭头时，按住鼠标左键不放拖动鼠标即可把图表移至指定位置。

### 4.改变图表大小

创建图表时，图表的大小并不一定合适，这时就要改变图表的大小，方法如下。

（1）选中图表，图表边框中部出现四个小点，四角上出现三个小点。

（2）将鼠标指针移至图表边框中部四个小点处，待鼠标形状变成双向箭头时，可调整图表的宽度或高度，若将指针移至图表的四角，则可以同时调整图表的宽度和高度。

### 5.改变图表的类型

创建图表后，有时需将数据在不同类型的图表下显示，这时候可以改变图表的类型。

方法：选中图表，选择"图表工具"中"设计"选项卡，在"类型"组中单击"更改图表类型"按钮。

### 6.删除图表

方法：选中图表，按 Delete 键。

## 二、设置图表选项

### 1.设置图表标题

（1）选中图表，单击"图表工具"中的"布局"选项卡，在"标签"组中单击"图表标题"按钮。

（2）在下拉框中选择是否显示图表标题，如果显示图表标题，则在"图表标题"框中输入标题即可。

### 2.设置图例

（1）选中图表，选择"图表工具"中的"布局"选项卡，在"标签"组中单击"图例"按钮。

（2）在下拉框中如果选择"关闭图例"则不显示图例，选择其他命令可以设置图例显示的位置，如左侧、右侧、顶部、底部等。选择"其他图例选项"不仅能设置图例的位置，还可以设置图例的填充、字体、边框等。

### 3.设置数据标签

（1）选中图表，选择"图表工具"中的"布局"选项卡，在"标签"组中单击"数据标签"按钮。

（2）在下拉框中选择是否显示数据标签，选择"其他数据标签选项"可以设置数据标签的其他格式。

### 4.设置坐标轴和网格线

坐标轴分为横坐标轴和垂直坐标轴，操作方法如下

（1）选中图表，选择"图表工具"中的"布局"选项卡，在"坐标轴"组中单击"坐标轴"按钮。

（2）在下拉框中选择设置横坐标或是纵坐标。设置网格线的方法类似。

### 5. 格式化图表

设置图表格式主要是为了让图表看起来更加美观，图表格式主要是为图表元素添加边框、设置填充效果、设置字体等来修饰图表，常设置的有图表区、绘图区、背景墙等。

方法：将鼠标指针移至图表区或绘图区等，双击鼠标，在打开的对话框中设置即可。

### 三、数据透视表

数据透视表是一种交互式报表，可以快速分类汇总比较大量的数据，并且可以随时选择其中页、列和行的不同元素，以快速查看源数据的不同统计结果，同时还可以方便地显示或打印出感兴趣区域的明细数据，它同时具有排序、筛选、分类统计、计算的功能。

其操作方法如下。

（1）选择创建数据透视表的数据，选择"插入"选项卡，在"表格"组中单击"数据透视表"按钮，在下拉框中选择"数据透视表"，打开"创建数据透视表"对话框，在对话框中选择需要分析的数据，再选择数据透视表存放的位置，单击"确定"按钮，工作表中显示"数据透视表"字段列表框。

（2）设置筛选字段、行标题、列标题、数值，在数据透视表存放位置即可看到创建好的数据透视表。

---

## 项目总结

本项目学习了销售业绩图表的制作，主要涉及创建图表、修改图表、修改图表数据、美化图表等方面的知识。Excel 2010 中，图表功能非常强大，可以制作出各种类型的图表，数据以图表的形式显示，具有较好的视觉效果，会更清楚和利于理解，而且图表还能帮助用户分析数据、查看数据的差异、走势，并预测其发展趋势。本项目还介绍了数据透视表的制作过程，数据透视表是一种对大量数据快速汇总和建立交叉列表的交互表格，可以快速合并和比较大量数据。

---

## 项目评价

### 项目评价表

| 项目名称 | | | | |
|---|---|---|---|---|
| 项目人员 | | | | |
| 评价项目 | 评价内容 | 学生自评 | 小组互评 | 教师评价 |
| 知识 | 掌握图表的创建方法 | | | |
| | 认识图表的元素，学会编辑与修饰图表 | | | |
| | 理解理解数据透视表及其创建方法 | | | |
| | 理解数据透视表的行、列标签及数值项 | | | |

| 评价项目 | 评价内容 | 学生自评 | 小组互评 | 教师评价 |
|---|---|---|---|---|
| 技能 | 能根据需要，选择合适的图表类型 | | | |
| | 熟练利用图表进行数据分析 | | | |
| 情感态度 | 能自主学习，探究项目解决办法 | | | |
| | 能运用本项目知识解决实际问题 | | | |
| | 能与同学合作交流，分享学习成果 | | | |
| 总评 | | | | |

备注：学生自评、小组互评、教师评价的评价标准：A. 优秀　B. 良好　C. 及格　D. 不及格
　　　总评指教师对学生小组成员整体的评价，或是教学反思，采用评语方式。

━━━━━━━ 拓展练习 ━━━━━━━

### 练习　经济增长指数图表

练习的效果图如图 2-6-14 所示。

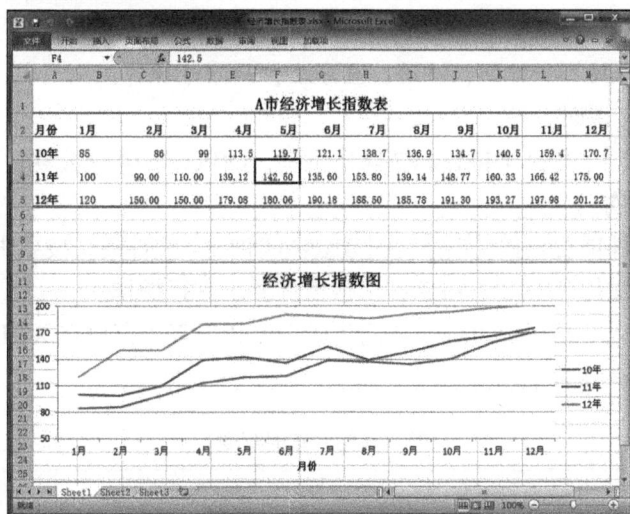

图 2-6-14　效果图

步骤提示：

（1）打开工作簿文件"经济增长指数表 .xlsx"。

（2）选取 A2:M5 数据区域的内容，建立"折线图"。

（3）设置图表标题为"经济增长指数图"，位于图表上方。

（4）设置主要横坐标轴标题为"月份"，标题置于坐标轴下方，设置数值 Y 轴刻度最小值为 50，最大值为 200，主要刻度单位为 30，横坐标轴交叉于 50，图表区设置蓝色实线边框。

（5）将图表插入表的 A10:M22 单元格区域内，如图 2-6-14 所示。

（6）以原文件保存工作簿。

# Excel 2010综合实训

## 综合实训 *1*

【实训目的】

- 熟练工作表基本操作。
- 熟练掌握在 Excel 2010 中各种类型数据的输入及填充。
- 掌握单元格格式的设置。
- 掌握工作表的插入、复制、移动、重命名、删除等操作。

【实训学时】 2课时。

【实训环境要求】 安装 Windows 7 操作系统，Office 2010 办公软件。

【实训内容及要求】

打开"办公软件项目教程\综合实训\Excel 实训 1"文件夹，按要求完成操作。

1. 打开工作簿文件"SX211.XLSX"，按下列要求进行操作。

（1）将下列某火车站列车时刻表数据建成一个数据表（存放在 A1:D9 的区域内）。其数据表保存在 Sheet1 工作表中。

**某火车站列车时刻表**

| 车次 | 出发时间 | 到达时间 | 运行时间 |
|---|---|---|---|
| D9238 | 20:58 | 23:35 | |
| K6985 | 18:16 | 21:48 | |
| K7546 | 21:38 | 23:40 | |
| D8274 | 18:09 | 22:30 | |
| D8277 | 07:50 | 10:10 | |
| D9275 | 12:10 | 13:18 | |
| D9286 | 16:40 | 20:16 | |

（2）将 A1:D1 单元格合并为一个单元格，内容水平居中。设置"车次"列数据区域水平对齐方式为居中、垂直对齐方式为靠上、列宽为 12。

（3）将第一行的行高设置为30，隶书，20磅，加粗，第二行的行高设置为18，字形为加粗、倾斜、字号为12；将B3:C9数据区域的字体颜色设置为蓝色；将A1:D9区域的全部框线设置为粗线样式，颜色为橙色，背景色为紫色、图案类型和颜色分别设置为6.25%灰色和蓝色。

（4）计算"运行时间"列的内容，其中，运行时间＝到达时间－出发时间。

（5）将工作表命名为"列车时刻表"，以原文件名保存工作簿。

2.打开工作簿文件"SX212.XLSX"，按下列要求进行操作。

（1）将Sheet1工作表的A1:D1单元格合并为一个单元格，内容水平居中；计算"学生均值"列的内容，其中，学生均值＝发放金额/学生人数，保留小数点后两位，将工作表命名为"奖学金发放情况"。

（2）将工作表"奖学金发放情况"移至Sheet2工作表的前面。

（3）复制该工作表为SheetA工作表，删除Sheet3工作表。

（4）以原文件名保存工作簿。

## 综合实训 2

【实训目的】
- 掌握公式的形式及使用方法。
- 熟练几个函数SUM、AVERGE、MAX、MIN、RANK的使用。
- 掌握套用表格格式及单元格样式、条件格式的使用。
- 巩固单元格格式的设置方法。

【实训学时】 2课时。

【实训环境要求】 安装Windows 7操作系统，Office 2010办公软件。

【实训内容及要求】

打开"办公软件项目教程\综合实训\Excel实训2"文件夹，按要求完成操作。

1.打开工作簿文件"SX221.XLSX"，按下列要求进行操作。

（1）A1:F1单元格合并为一个单元格，内容水平居中。

（2）计算"月生产值"列的内容，其中，月生产值＝月产量*单价。

（3）计算月产量的总计和月生产值的总计置于"总计"行的C17和D17单元格内。

（4）计算"产量比例"和"产值比例"列的内容，设置这两列内容的数字格式为百分比型，保留小数点后两位。

（5）以原文件名保存工作簿。

2.打开"SX222.XLSX"文件，按下列要求进行操作。

（1）将Sheet1工作表的A1:F1单元格合并为一个单元格，内容水平居中。

（2）计算"总分"列的内容（总分＝第一项*0.4+第二项*0.3+第三项*0.3）。

（3）按总分计算"总分排名"列的内容（利用RANK函数，降序）。

（4）利用套用表格格式将A2:F12数据区域设置为"表样式浅色14"。

（5）以原文件名保存工作簿。

3. 打开工作簿文件"SX223.XLSX"，按下列要求进行操作。

（1）将Sheet1工作表的A1:E1单元格合并为一个单元格，内容水平居中。

（2）计算"提资额"列和"提资后工资"列的内容（提资额＝现工资*提资系数，提资后工资＝现工资+提资额）。

（3）计算现工资、提资额和提资后工资的最高值、最低值、平均值和普遍值，结果存放于B20:E23单元格对应区域内。

（4）将A2:E22区域格式设置为套用表格格式"表样式深色11"。

（5）以原文件名保存工作簿。

4. 打开工作簿文件"SX224.XLSX"，按下列要求进行操作。

（1）将Sheet1工作表的A1:E1单元格合并为一个单元格，内容水平居中。

（2）计算"年级总计"行、"年级人数比例"行和"专业总计"列的内容（数字设置为百分比型，保留小数点后两位）。

（3）利用条件格式的"红、白、绿"色阶修饰表B3:E12单元格区域。

（4）以原文件名保存工作簿。

# 综合实训 3

【实训目的】

· 加强公式使用方法。

· 巩固函数SUM、AVERGE、MAX、MIN、RANK的使用。

· 熟练掌握SUMIF、COUNTIF、IF、RANK函数的使用。

【实训学时】 2课时。

【实训环境要求】 安装Windows 7操作系统，Office 2010办公软件。

【实训内容及要求】

打开"办公软件项目教程\综合实训\Excel实训3"文件夹，按照要求完成操作。

1. 打开"SX231.XLSX"文件，按下列要求进行操作。

（1）计算"月平均值"行的内容（数值型，保留小数点后一位）。

（2）计算"最高值"行的内容（三年中某月的最高值，利用MAX函数）。

（3）以原文件名保存工作簿。

2. 打开工作簿文件"SX232.XLSX"，按下列要求进行操作。

（1）将 Sheet1 工作表的 A1:D1 单元格合并为一个单元格，内容水平居中。

（2）计算"总计"列内容置于 B13 单元格内。

（3）计算"支持率"列内容（数字设置为百分比型，保留小数点后一位和"支持率排名"（降序排名）。

（4）利用条件格式的"数据条"下的"渐变填充"的"绿色数字条"修饰 A2:D12 单元格区域。

（5）以原文件名保存工作簿。

3. 打开"SX233.XLSX"工作簿文件，按下列要求进行操作。

（1）将 Sheet1 工作表的 A1:D1 单元格合并为一个单元格，内容水平居中。

（2）计算职工的平均年龄，置 C15 单元格内（设置单元格数字为数值型，保留小数点后一位）。

（3）计算职称为教授、副教授和讲师的人数置 G5:G7 单元格区域（利用 COUNTIF 函数）；并分别计算教授、副教授和讲师的平均年龄置 H5:H7（利用 SUMIF 函数）。

（4）计算男职工和女职工的人数及平均年龄，分别置 G10:G11 和 H10:H11 单元格区域。

（5）以原文件名保存工作簿。

4. 打开工作簿"SX234.XLSX"，按下列要求进行操作。

（1）将 Sheet1 工作表的 A1:G1 单元格合并为一个单元格，内容水平居中。

（2）计算"销售量"列内容（销售量 = 进货量 – 库存量）。

（3）计算"销售额（元）"（销售额 =（进货量 – 库存量）× 单价（元））。

（4）计算"销售额排名"（按销售额降序排列）列的内容。

（5）利用单元格样式的"标题 1"修饰表的标题，利用"套用表格格式"修饰表的 A2:G16 单元格区域。

（6）利用条件格式将"销售排名"列内容中数值大于或等于 6 的数字颜色设置为蓝色。

（7）以原文件名保存工作簿。

5. 打开"SX235.XLSX"工作簿文件，按下列要求进行操作。

（1）将 Sheet1 工作表的 A1:E1 单元格合并为一个单元格，内容水平居中。

（2）计算"增长率"列内容，其中，增长率 =（09 年销售额 – 08 年销售额）/08 年销售额，将增长率列数据设置为百分比型，保留小数点后两位。

（3）计算"备注"列内容。如果"增长率"高于 50%，在"备注"列内给出信息"不错"，否则给出信息"加油"（利用 IF 函数）。

（4）以原文件名保存工作簿文件。

综合实训 4

【实训目的】
- 熟练掌握数据自动筛选的使用方法。
- 掌握高级筛选的条件区建立及使用方法。
- 熟练掌握数据排序的含义及使用。
- 掌握数据的分类汇总。
- 学会利用数据筛选和分类汇总对数据进行分析。

【实训学时】 2课时。

【实训环境要求】 安装 Windows 7 操作系统，Office 2010 办公软件。

【实训内容及要求】

打开"办公软件项目教程\综合实训\Excel 实训 4"文件夹，按照要求完成操作。

1. 打开"SX241.XLSX"工作簿文件，按下列要求进行操作。

（1）对工作表"成绩表 1"内的数据进行自动筛选，条件为"专业为电子电器专业，且成绩介于 60 至 80 分"之间。

（2）对工作表"成绩表 2"内的数据进行高级筛选，条件为"专业为学前教育或者课程名称为现代文秘"（在数据表前插入三行，前二行作为条件区域），筛选后的结果显示在原有区域。

（3）对工作表"成绩表 3"内的数据按主要关键字"成绩"降序和次要关键字"专业"的升序次序进行排序。

（4）对工作表"成绩表 4"内的数据按主要关键字为"专业"的降序次序和次要关键字为"课程名称"的降序次序进行排序，对排序后的数据进行分类汇总，分类字段为"专业"，汇总方式为"平均值"，汇总项为"成绩"，汇总结果显示在数据下方。

（5）以原文件名保存工作簿文件。

2. 打开"SX242.XLSX"工作簿文件，按下列要求进行操作。

（1）对工作表 Sheet1 内数据清单的内容进行自动筛选，条件：部门为工程部和研究开发部而且学历为本科或硕士、职称为工程师的人员信息，工作表名不变，保存 SX242.XLSX 文件。

（2）对工作表 Sheet2 内数据清单的内容进行高级筛选，条件为职称为高工或者学历为博士的人员情况，筛选条件设在工作表前三行。

（3）对工作表 Sheet3 按主要关键字部门进行升序排序，对排序后的数据进行分类汇总，分类字段选择部门，汇总方式为计数，汇总项为职工号，汇总结果显示在数据下方。

（4）保存工作簿。

3．打开"SX243.XLSX"工作簿文件，按下列要求进行操作。

（1）对工作表 Sheet1 内的数据清单的内容按主要关键字为"班别"的降序次序排序。

（2）对排序后的数据进行分类汇总，分类字段为"班别"，汇总方式为"平均值"，汇总项为"理论成绩"，"操作成绩"，"总成绩"（汇总数据设为数值型，保留小数点后一位），汇总结果显示在数据下方。

（3）以原文件名保存工作簿。

4．打开"SX244.XLSX"工作簿文件，按下列要求进行操作。

（1）对工作表"销售表1"内数据清单的内容进行高级筛选（条件设在工作表前三行），条件：产品名称为"电脑"且销售额排名在前15名。

（2）对工作表"销售表2"内数据清单的内容进行自动筛选，条件：部门为销售一部和销售二部且销售额在10万元以上20万元以下。

（3）对工作表"销售表3"内数据清单的内容按主要关键字"部门"的降序次序和次要关键字"季度"的降序次序进行排序；对排序后的数据进行分类汇总，分类字段为"部门"，汇总方式为"求和"，汇总项为"销售额"，汇总结果显示在数据下方。

（4）工作表名不变，保存 SX244.XLSX 工作簿。

# 综合实训 5

【实训目的】
- 熟练掌握各种类型的图表的创建方法。
- 加强对图表元素的理解，熟练设置图表元素及其格式。
- 熟练掌握图表大小的调整方法及移动图表的方法。
- 掌握数据透视表的创建方法。
- 理解数据透视表的功能。

【实训学时】 2课时。

【实训环境要求】 安装 Windows 7 操作系统，Office 2010 办公软件。

【实训内容及要求】

打开"办公软件项目教程 \ 综合实训 \Excel 实训 5"文件夹，按照要求完成操作。

1．打开"SX251.xlsx"工作簿文件，按下列要求进行操作。

（1）选取工作表"A 市经济增长情况"的 A2:M5 数据区域的内容建立"带数据标记的折线图"，在图表上方插入图表标题"经济增长情况图"，设置主要横坐标轴标题为"月份"，标题位置在坐标轴下方，设置数值 Y 轴刻度最小值为 50，最大值为 210，主要刻度单位为 20，横坐标轴交叉于 50；将图表插入工作表的 A7:M24 单元格区域内。

（2）选取工作表"手机销售情况"的"手机名称"和"销售额"两列的内容建立"三维饼图"，在图表上方插入图表标题为"手机销售情况图"，在底部显示图例，设置数据标签为百分比；设置图表绘图区格式的填充色为渐变填充，颜色类型是单色，深紫（RGB值：红色 128，绿色 0，蓝色 128），将图表插入工作表的 A12:F26 单元格区域内。

（3）选取工作表"奖学金发放情况"，选择"班别"、"发放金额"两列数据，建立一个"三维棱锥"图表，将图表置于数据表下的 A13:F26 单元格区域内。在图表上方插入图表标题为"奖学金发放情况图"，不显示图例，设置数值 Y 轴刻度最小值是 10000，最大值是 60000，主要刻度单位为 10000；设置图表背景墙格式为渐变填充橙色到白色渐变，方向为线性向上；设置数据标签格式，标签选项为"值"、"标签中包括图例项标示"两项选项。

（4）选取工作表"比赛获奖统计表"的 A2:D10 数据区域，建立"簇状圆柱图"，在图表上方插入图表标题"比赛获奖统计图"，在顶部显示图例，设置纵坐标主要刻度单位为 2；设置图表数据系列格式金牌图案内部为自定义标签（RGB 值：红色 251，绿色 167，蓝色 17），银牌图案内部为淡蓝（RGB 值：红色 54 ，绿色 227，蓝色 41），铜牌图案内部为深绿色（RGB 值：红色 65，绿色 23，蓝色 245），设置图表区格式填充色为预设色"麦浪滚滚"，阴影为内部左侧；将图表插入工作表的 A14:H32 单元格区域内。

2. 打开"SX252.XLSX"工作簿文件，按下列要求进行操作。

（1）对工作表"图书销售情况 1"内数据清单的内容建立数据透视表，按行为"图书类别"，列为"分店名称"，数据为"销售额"求和布局，并置于现工作表的 J7:O13 单元格区域，保存工作簿文件。

（2）对工作表"图书销售情况 2"内数据清单的内容建立数据透视表，按行为"季度"，列为"图书类别"，数据为"数量（册）"求和布局，并置于现工作表的 H5:K11 单元格区域内，以原文件名保存工作簿文件。

3. 打开"SX253.XLSX"工作簿文件，按下列要求进行操作。

（1）将 Sheet1 工作表的 A1:E1 单元格合并为一个单元格，内容水平居中；计算"成绩"列的内容（成绩 = 单选题数 *2+ 多选题数 *4），按成绩的降序次序计算"成绩排名"列的内容（利用 RANK 函数，降序）；利用套用表格格式将 A2:E12 数据区域设置为"表样式中等深浅 5"。

（2）选取"学号"列（A2:A12）和"成绩"列（D2:D12）数据区域的内容建立"簇状水平圆柱图"，图表标题为"成绩统计图"，删除图例；将图插入工作表的 A14:E30 单元格区域内，将工作表命名为"成绩统计表"，保存"SX253.XLSX"文件。

# 第3篇
# PowerPoint 2010 演示文稿

　　PowerPoint 2010 是 Office 2010 办公软件的一个组件，主要用于演示文稿的制作与放映。目前许多产品展示、广告宣传、教育教学、推广计划等都是用 PowerPoint 来制作的。这里将通过产品展示、制作 OA 系统、设计方案展示等三个项目的学习，掌握 PowerPoint 2010 演示文稿的创建、编辑等基本操作，熟练幻灯片的制作、主题与母版的运用，演示文稿的放映、切换效果、动画效果的设置等知识。在本模块的学习中，大家应该注意将所学的知识融入实际的学习和工作中，体会演示文稿在实际生活中的应用。

## 项目设置

| 项目名称 | 项目知识要点 | 参考学时 |
|---|---|---|
| 项目一　产品展示制作 | 演示文稿的创建、保存、打开、关闭等基本操作；文字编辑修改；图片、表格和 SmartArt 图的插入及艺术字的运用；幻灯片插入、删除、移动等操作 | 6 |
| 项目二　制作 OA 系统 | 母版、主题的运用、演示文稿的超链接、切换效果、动画效果的设置等知识 | 6 |
| 项目三　制作设计方案展示 | 演示文稿的放映和打包 | 4 |
| PowerPoint 2010 综合实训 | 演示文稿的编辑与美化、幻灯片的动画与切换设置、超链接的知识及演示文稿的放映设置 | 10 |

项目 **3-1**

# 产品展示制作

学习目标 ☞

**知识目标**

- 掌握 PowerPoint 演示文稿的创建、保存与打开等基本操作。
- 熟练掌握在 PowerPoint 演示文稿中编辑文本的方法。
- 掌握 PowerPoint 演示文稿中插入艺术字、图片、表格和 SmartArt 图等方法。
- 掌握幻灯片的插入、删除、移动的方法。
- 了解演示文稿的视图方式。

**技能目标**

- 能熟练创建与编辑演示文稿。
- 能熟练运用艺术字、图片、表格和 SmartArt 图修饰演示文稿。
- 能制作一个完整的演示文稿。

**情感目标**

- 培养学生的审美观,陶冶情操。
- 培养学生独立自主的学习能力,团结协作的精神。

**项目描述** ☞

为了使产品能更好的推广,企业通常会制作一个产品展示,介绍产品的特点、性能,方便于客户了解产品、购买产品。这里就利用 PowerPoint 2010 制作一个产品展示演示文稿。

**项目分析** ☞

(1) 创建一个新的演示文稿。

(2) 在幻灯片中输入文本。

(3) 插入一个新的幻灯片。

(4) 在幻灯片中插入表格。

(5) 在幻灯片中插入艺术字。

(6) 在幻灯片中插入图片。

(7) 设置项目符号。

(8) 保存。

**效果展示** ☞

项目完成效果见图 3-1-1。

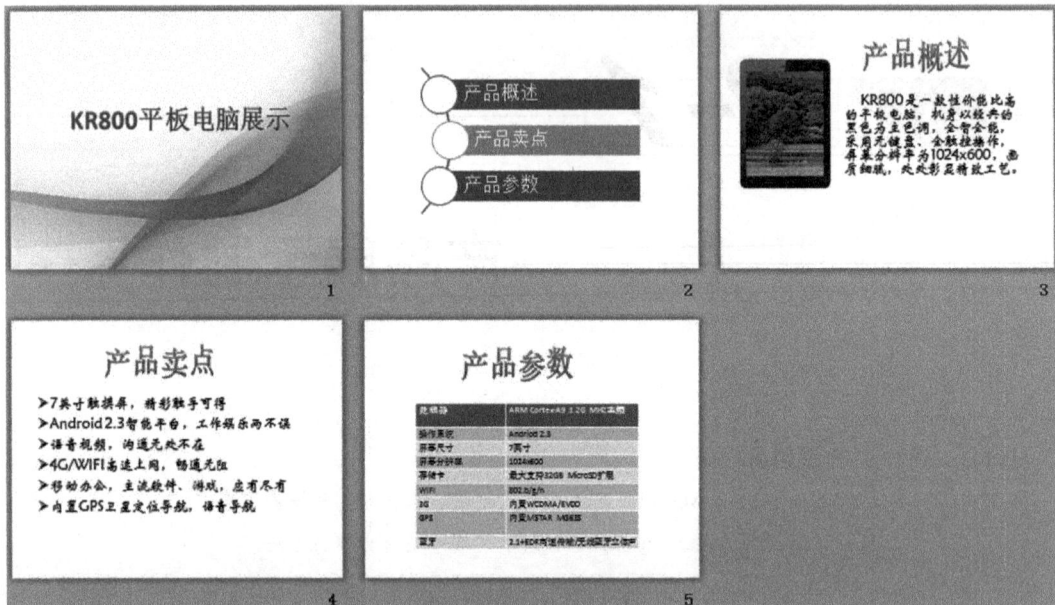

图 3-1-1　产品展示样图

项目资源所在位置：\ 办公软件项目教程 \ 项目 3-1。

# 任务 1　创建演示文稿

## 【任务实施】

**步骤 1**　启动 PowerPoint 2010，建立空演示文稿。单击"开始"按钮，选择"所有程序"—"Microsoft Office"—"Microsoft PowerPoint 2010"命令，启动 PowerPoint 2010，进入其工作界面。系统会自动创建一个默认文件名为"演示文稿 1"的空演示文稿，如图 3-1-2 所示。

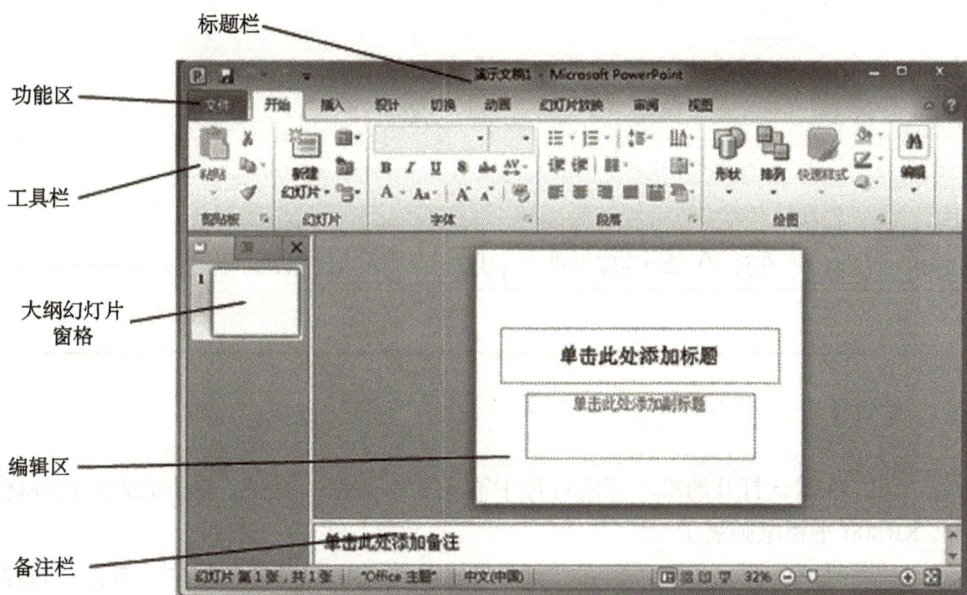

图 3-1-2　PowerPoint 2010 的工作界面

**步骤 2**　保存演示文稿。单击"文件"—"保存"命令，打开"另存为"对话框，如图 3-1-3 所示。选择保存文件的位置，在"文件名"的文本框中输入文件名"产品展示"，"保存类型"中选择系统默认的 pptx 类型，单击"保存"按钮即可。

> **小技巧**
>
> 　　演示文稿在第一次保存时，会打开"另存为"对话框，如果是编辑已经存在的文稿，则不会打开对话框。
>
> 　　在保存演示文稿时需要注意三个方面：保存位置、文件名和保存类型。

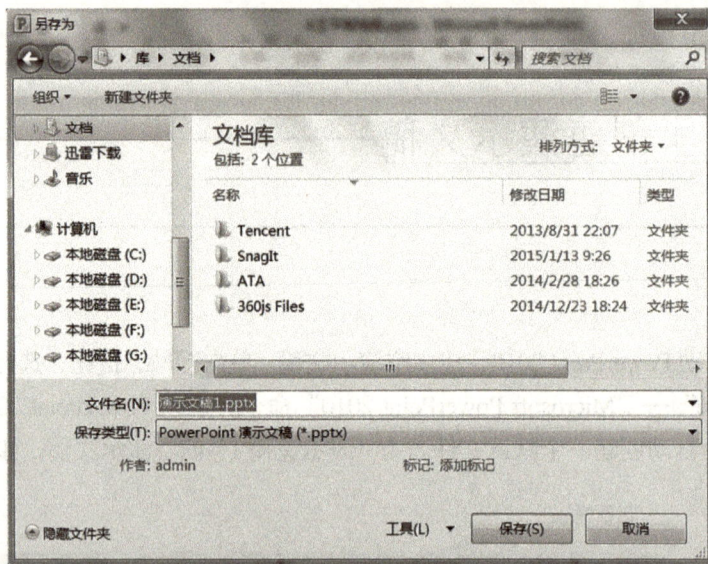

图 3-1-3 "另存为"对话框

# 任务 2 输入与编辑幻灯片文本

## 【任务实施】

**步骤 1** 在默认打开的第一张幻灯片中输入基本信息，即在"单击此处添加标题"中输入"KR800 平板电脑展示"。

**步骤 2** 插入一张新幻灯片。在"开始"选项卡的"幻灯片"组中，单击"新建幻灯片"按钮，插入一张新幻灯片，在标题栏处输入"产品概述"，文本处输入相应内容，如图 3-1-4 所示。

> **小技巧**
>
> 单击"新建幻灯片"下拉按钮，可以选择不同版式的幻灯片，系统默认的是"标题和内容"版式。

**步骤 3** 制作第三张幻灯片。插入一张新幻灯片，并输入如图 3-1-5 所示内容。

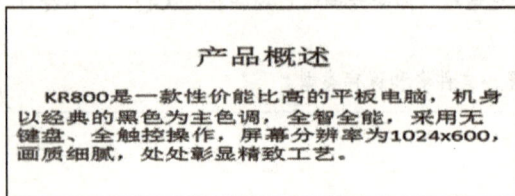

图 3-1-4 第二张幻灯片的内容

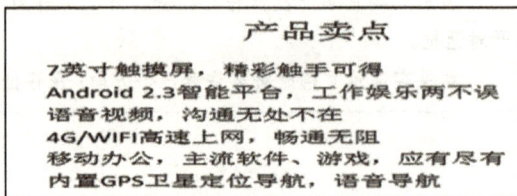

图 3-1-5 第三张幻灯片的内容

步骤 4　插入表格。插入一张新幻灯片，输入标题"产品参数"。在"插入"选项卡的"表格"组中，单击"插入表格"按钮，插入一个九行二列的表格，并输入产品参数，如图 3-1-6 所示。

图 3-1-6　第四张幻灯片的内容

步骤 5　保存并退出演示文稿。

## 任务 3　美化演示文稿

【任务实施】

步骤 1　插入艺术字。将第一张幻灯片的标题删除，插入艺术字。在"插入"选项卡的"文本"组中，单击"艺术字"按钮，如图 3-1-7 所示，选择一种艺术字，输入"KR800 平板电脑展示"。

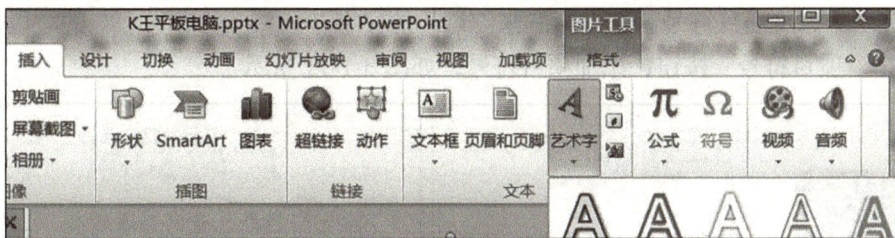

图 3-1-7　插入艺术字

按照此步骤，将各幻灯片的标题改为艺术字。

步骤 2　插入图片。选中第一张幻灯片，在"插入"选项卡的"图像"组中，单击"图片"按钮，打开"插入图片"对话框，如图 3-1-8 所示。选中要插入的图片，单击"插入"按钮。

步骤 3　设置图片格式。插入图片后，选项卡上多了一个"图片工具格式"选项卡，在这里可以对图片进行颜色、样式、排列、大小等设置，如图 3-1-9 所示，单击"排列"组中的"下移一层"下拉按钮，选择"置于底层"，让文字显示出来。

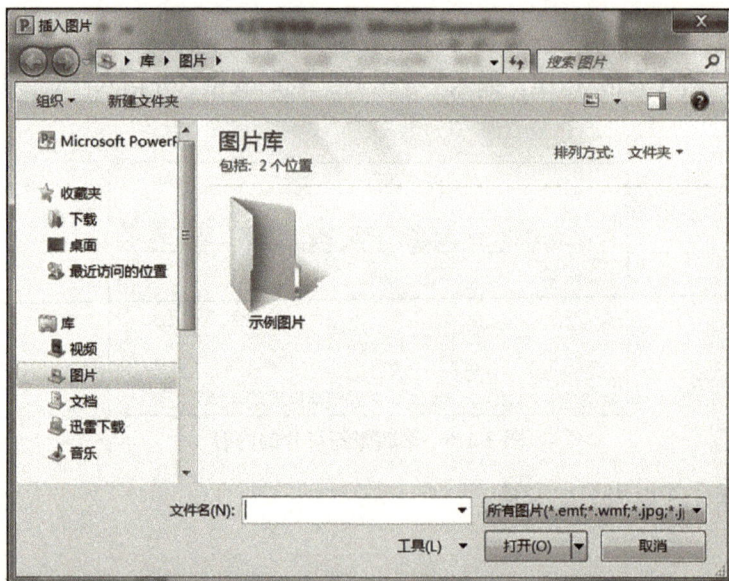

图 3-1-8 "插入图片"对话框

图 3-1-9 "图片工具格式"选项

步骤 4 设置文本格式。在"开始"选项卡的"字体"组中,将"产品概述"幻灯片的文字设置为华文新魏,30 磅,并插入一张平板电脑图片,效果如图 3-1-10 所示。

步骤 5 添加项目符号。选中第三张幻灯片的文字,在"开始"选项卡的"段落"组中,单击"项目符号"按钮,添加项目符号,如图 3-1-11 所示。

图 3-1-10 第二张幻灯片效果图

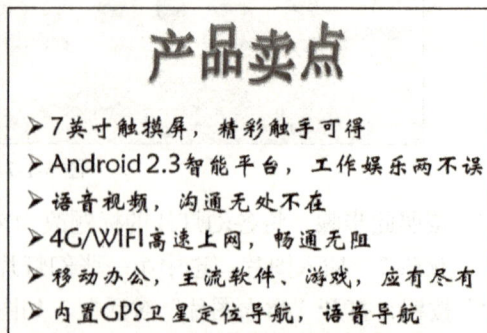

图 3-1-11 第三张幻灯片效果图

步骤 6 保存并退出演示文稿。

# 任务 4　幻灯片的插入、删除、移动

## 【任务实施】

**步骤 1**　幻灯片的插入。选中第一张幻灯片，在"开始"选项卡的"幻灯片"组中，单击"新建幻灯片"下拉按钮，插入一张空白幻灯片。

**步骤 2**　插入 SmartArt 图。在"插入"选项卡的"图像"组中，单击"SmartArt"按钮，打开"选择 SmartArt 图形"对话框，如图 3-1-12 所示，选择"列表"组中的"垂直典型列表"，单击"确定"按钮。

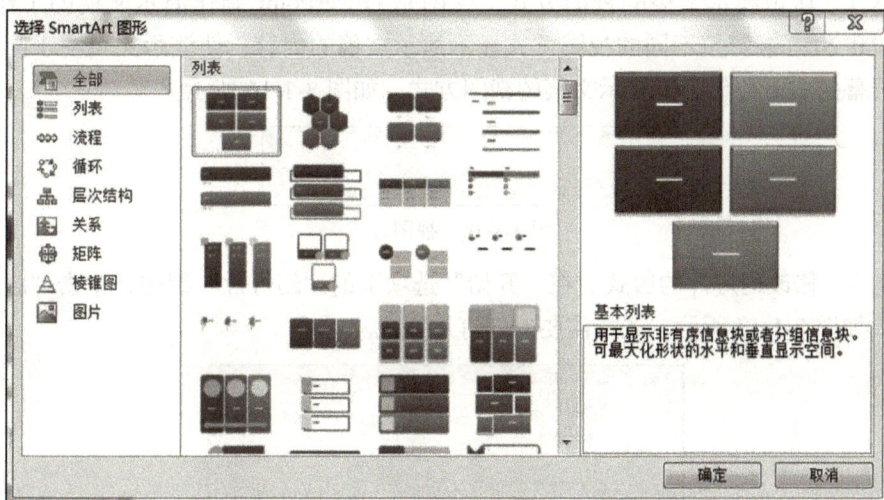

图 3-1-12　"选择 SmartArt 图形"对话框

在 SmartArt 图中输入目录文字：产品概述、产品卖点、产品参数，如图 3-1-13 所示。

**步骤 3**　设置 SmartArt 样式。插入 SmartArt 图后，选项卡中多了一个"SmartArt 工具"选项，如图 3-1-14 所示，在"设计"选项卡"SmartArt 样式"组中，更改 SmartArt 颜色及样式，最后效果如图 3-1-15 所示。

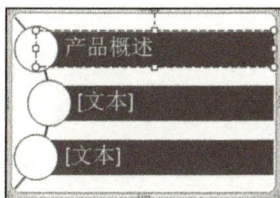

图 3-1-13　在 SmartArt 图中输入内容

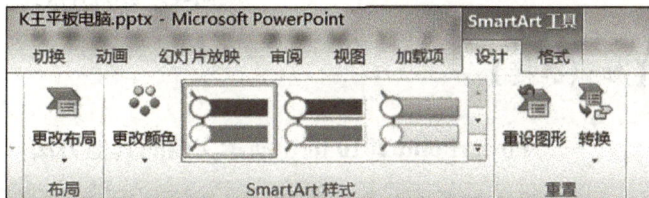

图 3-1-14　"SmartArt 工具"选项

图 3-1-15　第二张幻灯片效果图

步骤 4　幻灯片的删除、移动。选中幻灯片，若要删除幻灯片，则按 Delete 键删除；若要移动幻灯片，则按住鼠标左键不放，拖动到某张幻灯片前，松开鼠标，则移动到该幻灯片前。

步骤 5　保存并退出演示文稿。

# 任务 5　演示文稿的视图方式

## 【任务实施】

步骤 1　认识演示文稿的视图方式。视图是 PowerPoint 制作演示文稿的工作环境，PowerPoint 2010 能够按不同的视图方式显示演示文稿的内容，使演示文稿便于浏览、编辑，在屏幕的右下角显示了演示文稿的视图方式，如图 3-1-16 所示。

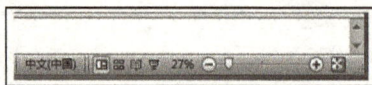

图 3-1-16　视图方式

步骤 2　修改幻灯片的版式。在"开始"选项卡的"幻灯片"组中，单击"版式"下拉按钮，如图 3-1-17 所示，选择需要的幻灯片版式。

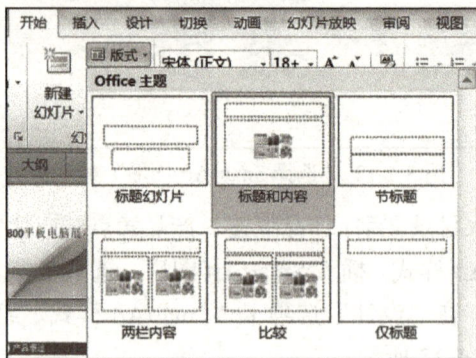

图 3-1-17　幻灯片版式

## 【知识链接】

### 一、PowerPoint 2010 创建演示文稿的其他方法

#### 1. 创建新的空白演示文稿

单击"文件"—"新建"命令，展开"可用模板和主题"列表选项，如图 3-1-18 所示。

选择"空白演示文稿"，单击"创建"按钮，则创建一个空白演示文稿。

图 3-1-18 "新建"选项

**2．通过主题创建演示文稿**

单击"文件"—"新建"命令，在展开的"可用的模板和主题"面板中，单击"主题"按钮，打开"主题"选项，如图 3-1-19 所示。选择一种要应用的主题，单击"创建"按钮，即可新建一个基于该主题的演示文稿。

图 3-1-19 "主题"选项

**3．通过模板创建演示文稿**

单击"文件"—"新建"命令，在展开的"可用的模板和主题"面板中单击"样本模板"，打开"样本模板"选项，如图 3-1-20 所示。选择一种要应用的模板，单击"创建"按钮，即可新建一个基于该模板的演示文稿。

图 3-1-20 "样本模板"选项

## 二、有关 SmartArt 图形

SmartArt 图形是信息和观点的视觉表示形式。可以通过从多种不同布局中进行选择来创建 SmartArt 图形,从而快速、轻松、有效地传达信息。

### 1. 在 SmartArt 图形中添加或删除形状

选择要添加形状的 SmartArt 图形,单击最接近新形状的添加位置的现有形状,在"SmartArt 工具"下的"设计"选项卡上,在"创建图形"组中单击"添加形状"下的箭头,如图 3-1-21 所示,选择"在后面添加形状"或者"在前面添加形状"。

图 3-1-21 "添加形状"

### 2. 更改整个 SmartArt 图形的颜色

单击 SmartArt 图形,在"SmartArt 工具"下的"设计"选项卡上,选择"SmartArt 样式"组中的"更改颜色",如图 3-1-22 所示,单击所需的颜色变体。

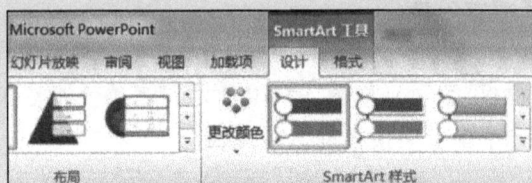

图 3-1-22 更改 SmartArt 图形的颜色

### 三、设置幻灯片背景图片或颜色

**1.设置幻灯片背景图片**

选择要添加背景的幻灯片，单击"设计"选项卡"背景"组的"背景样式"，然后单击"设置背景格式"，打开"设置背景格式"对话框，如图3-1-23所示。单击"填充"选项上的"图片或纹理填充"，单击"文件"，找到并双击要插入的图片。

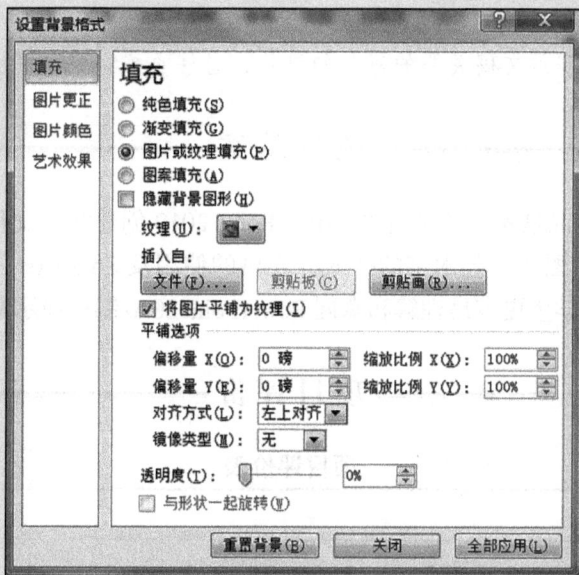

图 3-1-23 "设置背景格式"对话框

**2.设置幻灯片背景颜色**

选择要添加背景色的幻灯片，在"设置背景格式"对话框中，单击"填充"选项上的"纯色填充"，单击"颜色" 下拉按钮，选择所需的颜色即可。

### 四、PowerPoint 2010的视图方式

视图是PowerPoint文档在计算机屏幕中的显示方式，在PowerPoint中包括六种视图，分别是普通视图、幻灯片浏览视图、备注页视图、阅读视图、幻灯片放映视图和母版视图。选择"视图"选项卡上的"演示文稿视图"组和"母版视图"组可以选择视图显示方式，或者在PowerPoint窗口底部右下角的视图按钮选择。

普通视图：是PowerPoint 2010的默认视图。普通视图将幻灯片、大纲和备注页视图集成到一个视图中，既可以输入、编辑和排版文本，也可以输入备注信息。在该视图中，左窗格中包含了"大纲"和"幻灯片"两个选项卡，并在下方显示备注，状态栏显示了当前演示文稿的总页数和当前显示的页数。

幻灯片浏览视图：可以显示所有幻灯片的缩图、完整的文本和图片，在该视图方式下不能编辑幻灯片中的具体内容。

备注页视图：在备注页视图中，可以输入演讲者的备注。

阅读视图：阅读视图用于用户在计算机上查看自己制作的演示文稿，而非向受众（如通过大屏幕）放映演示文稿。

幻灯片放映视图：在计算机屏幕上全屏放映幻灯片内容，可以看到图形、计时、电影、动画效果和切换效果在实际演示中的具体效果。

母版视图：母版视图包括幻灯片母版视图、讲义母版视图和备注母版视图。它们是存储有关演示文稿的信息的主要幻灯片，其中包括背景、颜色、字体、效果、占位符大小和位置。使用母版视图的一个主要优点在于：在幻灯片母版、备注母版或讲义母版上，可以对与演示文稿关联的每个幻灯片、备注页或讲义的样式进行全局更改。

## 项目总结

本项目是制作产品展示，主要介绍 PowerPoint 2010 创建演示文稿的基本方法，演示文稿的编辑与修改，图片、艺术字的插入，表格的使用及 SmartArt 图的设置等。将项目分成五个小任务，使学生更容易理解和掌握 PowerPoint 2010 制作演示文稿的方法和过程。

## 项目评价

**项目评价表**

| 项目名称 | | | | |
|---|---|---|---|---|
| 项目人员 | | | | |
| 评价项目 | 评价内容 | 学生自评 | 小组互评 | 教师评价 |
| 知识 | 熟悉 PowerPoint 2010 的启动与关闭 | | | |
| | 掌握演示文稿的创建与编辑的方法 | | | |
| | 掌握演示文稿的图片、艺术字的插入和表格的运用 | | | |
| | 掌握演示文稿插入SmartArt图的方法 | | | |
| 技能 | 能熟练创建及编辑演示文稿 | | | |
| | 能熟练插入图片、艺术字及表格的使用 | | | |
| | 能独立完成项目 | | | |
| 情感态度 | 能自主学习，探究项目解决方法 | | | |
| | 能运用本项目知识解决实际问题 | | | |
| | 能与同学合作交流，分享学习成果 | | | |
| 总评 | | | | |

备注：学生自评、小组互评、教师评价的评价标准：A. 优秀  B. 良好  C. 及格  D. 不及格
　　　总评指教师对学生小组成员整体的评价，或是教学反思，采用评语方式。

━━━━━━━━━━ **拓展练习** ━━━━━━━━━━

### 练习　制作主题为"美丽的家乡"的演示文稿

制作一个"美丽的家乡"主题的演示文稿。要求：

（1）第一张为"标题幻灯片"版式，总标题为"美丽的家乡"；第二张为空白版式，插入 SmartArt 图，创建各子标题："地理位置"、"杰出人物"、"名优特产"、"美丽山水"；第三至六张分别对应各子标题作介绍；内容可以上网查找。

（2）用幻灯片浏览视图交换"美丽山水"、"名优特产"这两张幻灯片的位置。

（3）网查找合适主题的图，插入"家乡的山水"中。

效果参考图如图 3-1-24 所示。

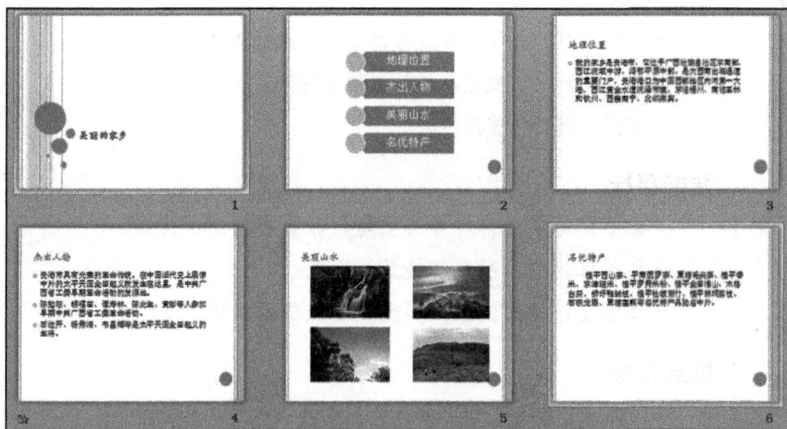

图 3-1-24　效果参考图

步骤提示：

（1）通过"文件"—"新建"—"主题"方式，创建演示文稿"美丽的家乡.pptx"。

（2）利用 SmartArt 图形制作目录。

（3）插入艺术字标题。

（4）输入文字内容，插入图片。

（5）保存并退出。

# 制作OA系统[①]

**学习目标** ☞    **知识目标**

- 掌握幻灯片主题及母版修饰演示文稿的方法。
- 掌握动画及切换效果的设置使用方法。
- 掌握超链接的使用方法。

**技能目标**

- 能够熟练使用幻灯片的主题、母版修饰演示文稿。
- 能熟练运用动画及切换效果设置。
- 掌握超链接的设置，实现交互式演示文稿。

**情感目标**

- 学生在设计制作中体验创作的乐趣和成功的喜悦。
- 培养学生团结合作，与人沟通的能力。

**项目描述** ☞    美达软件有限公司根据客户的要求制作了 OA 系统，为了更好地展示、介绍 OA 系统，可以利用 PowerPoint 制作一个 OA 系统演示文稿，对演示文稿进行修饰，包括主题、母版、动画、幻灯片切换及超链接的设置。

**项目分析** ☞    (1) 为幻灯片选择并应用主题。

                        (2) 为幻灯片设置背景图片。

                        (3) 为幻灯片对象添加动画效果。

                        (4) 设置幻灯片切换效果。

                        (5) 创建超链接。

**效果展示** ☞    项目完成效果见图 3-2-1。

---

[①] 本演示文稿引用广西金中软件有限公司提供的素材。

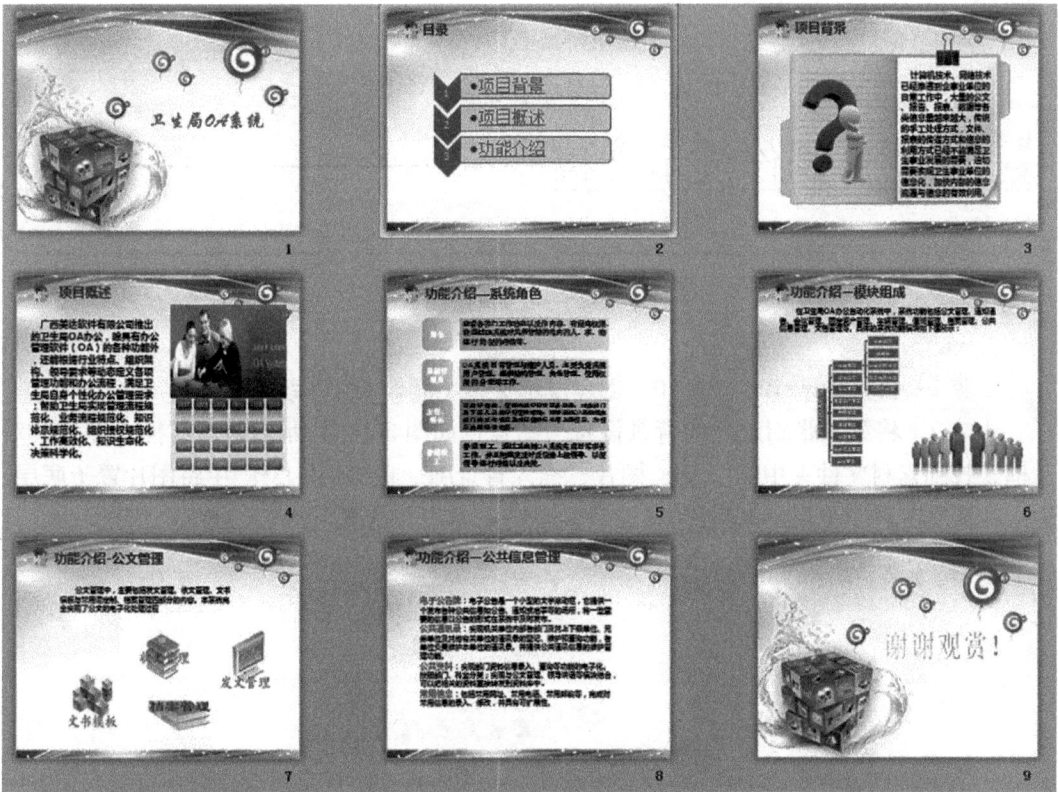

图 3-2-1　效果图

项目资源所在位置：\办公软件项目教程\项目 3-2。

任务 *1* 制作演示文稿

【任务实施】

步骤 1　打开 PowerPoint 2010，创建演示文稿"制作 OA 系统 .pptx"。

步骤 2　将第一张幻灯片的背景设置为图片，如图 3-2-2 所示。打开"插入图片"对话框，找到素材文件夹中的"1.jpg"图片，插入背景图，在"图片工具"中将图片置于底层。输入标题文字"卫生局 OA 系统"，设置文字格式为华文行楷、48 磅、红色、阴影。

图 3-2-2　第一张幻灯片

步骤 3　利用 SmartArt 图制作第二张幻灯片的目录，如图 3-2-3 所示。打开"选择 SmartArt 图形"对话框，选择"列表"项的"垂直 V 形列表"，输入相关文字。

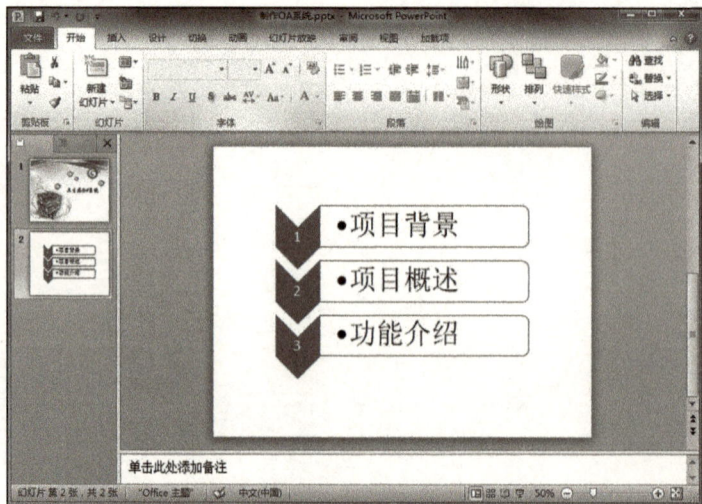

图 3-2-3　第二张幻灯片

步骤4　第三张幻灯片的制作，如图 3-2-4 所示。插入背景图，再单击"插入"选项卡"文本"组的"文本框"，在图片的右边空白处绘制一个文本框，输入相应文字，设置文字字体、颜色、大小等。

图 3-2-4　第三张幻灯片

步骤5　按照步骤4，制作第四、七、八张的幻灯片。

步骤6　第五张幻灯片制作。在"插入"选项卡的"插图"组中，单击"形状"下拉按钮，选择"圆角矩形"，在编辑区中绘制一个圆角矩形。单击"绘图工具"的"格式"选项卡，如图 3-2-5 所示，设置形状填充为双色渐变，无轮廓。右击圆角矩形，选择"编辑文字"，输入"局长"。在圆角矩形的右边添加一个渐变填充无轮廓的文本框，输入相应的内容。效果如图 3-2-6 所示。

图 3-2-5　绘图工具

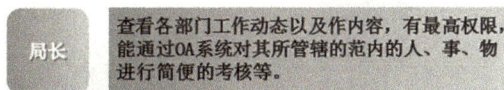

图 3-2-6　文本框填充渐变后的效果

制作其他角色内容。将圆角矩形和文本框的内容复制，并改变填充色和内容，最终效果如图 3-2-7 所示。

| 局长 | 查看各部门工作动态以及作内容,有最高权限,能通过OA系统对其所管辖的范内的人、事、物进行简便的考核等。 |
| 系统管理员 | OA系统日常管理与维护人员。主要负责系统用户管理、组织结构管理、角色管理、使用权限的分配等工作。 |
| 主任、科长 | 可进行高效、便捷的进行日常事务处理;对本部门及下属人员进行简便的考核;能够通过OA系统把本部门的工作情况及时反馈给局长等上级领导,为领导决策提供依据。 |
| 普通职工 | 普通职工,通过卫生局OA系统完成日常事务工作,并且把进度及时反馈给上级领导,以便领导进行考核以及决策。 |

图 3-2-7　第五张幻灯片效果图

**步骤 7**　制作第六张幻灯片。在文本框中输入相应的文字,并插入背景图。打开"选择 SmartArt 图形"对话框,在"层次结构"项中选择"水平多层层次结构",如图 3-2-8 所示。

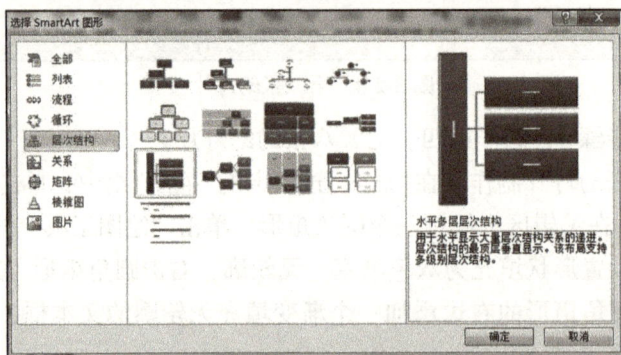

图 3-2-8　插入层次结构

输入相应的内容,最终效果如图 3-2-9 所示。

图 3-2-9　第六张幻灯片

**步骤 8**　保存并退出演示文稿。

任务2 设置幻灯片的外观

【任务实施】

　　**步骤**1　主题的应用。在"设计"选项卡的"主题"组中，单击选择一种主题，则所有幻灯片都应用于该主题设置的背景图形、配色方案、文字的字体等，如图 3-2-10 所示。

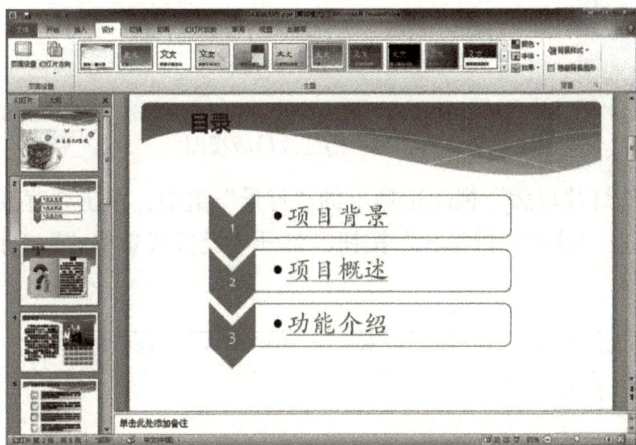

图 3-2-10　应用主题

　　**步骤**2　单击"主题"组右侧的"颜色"下拉按钮，可以改变主题中的配色方案；"背景样式"可以改变背景颜色，如图 3-2-11 所示。

图 3-2-11　背景样式

　　**步骤**3　母版的应用。在"视图"选项卡的"母版视图"组中，单击"幻灯片母版"按钮，就进入幻灯片母版视图方式，同时选项卡也增加了一个"幻灯片母版"选项，如图 3-2-12 所示。

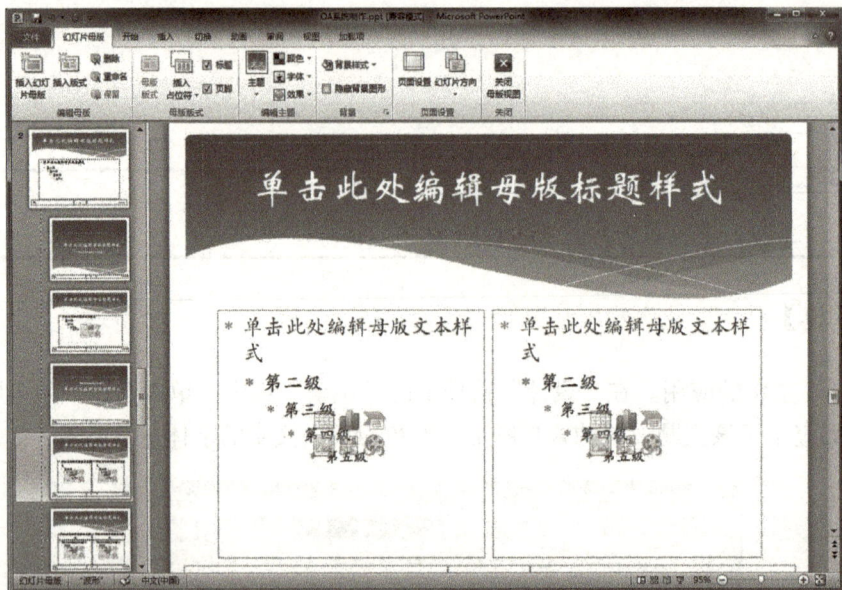

图 3-2-12　幻灯片母版视图

**步骤 4**　在 "幻灯片母版" 视图选项卡的 "背景" 组中，单击 "背景样式" 下拉按钮，在展开的样图中单击 "设置背景格式" 按钮，打开 "设置背景格式" 对话框，如图 3-2-13 所示。

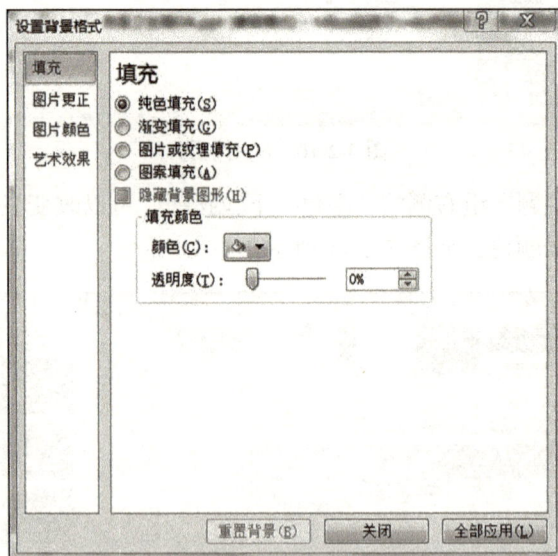

图 3-2-13　设置背景格式

**步骤 5**　在 "填充" 项中选择 "图片或纹理填充"，如图 3-2-14 所示，单击 "文件" 按钮，在打开的对话框中选择要作为背景的图片，单击 "插入" 按钮，如图 3-2-15 所示，返回 "设置背景格式" 对话框，单击 "关闭" 按钮。

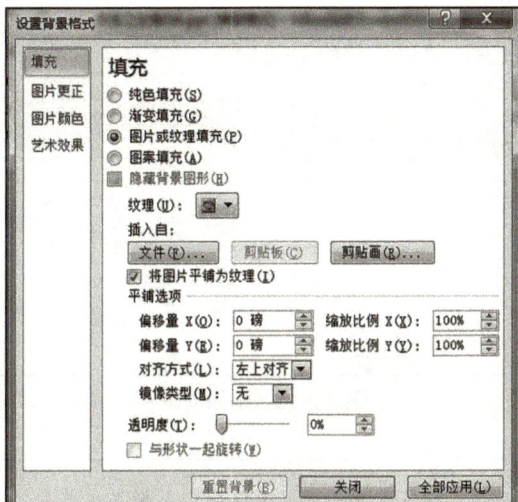

图 3-2-14　设置背景图片

图 3-2-15　"插入图片"对话框

**步骤 6**　在"幻灯片母版"选项卡的"背景"组中，单击"隐藏背景图形"复选框打上钩，去掉原来主题的背景。单击"关闭母版视图"，退出母版视图。

**步骤 7**　保存并退出演示文稿。

# 任务 3　设置动画效果

## 【任务实施】

**步骤 1**　选择第一张幻灯片的标题"卫生局OA系统"，在"动画"选项卡的"动画"组中，单击"添加动画"按钮，选择所需要的动画效果。这里选择"进入"—"缩放"，如图 3-2-16 所示。

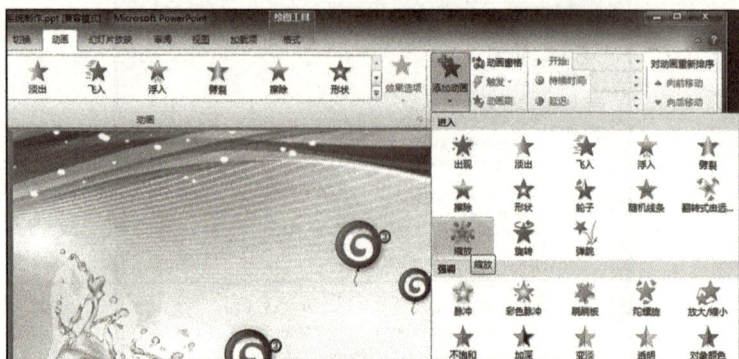

图 3-2-16　添加动画

　　**步骤 2**　在"动画"选项卡"计时"组中设置：开始为"与上一动画同时"，持续时间为 0.5 秒，如图 3-2-17 所示。

　　**步骤 3**　单击"效果选项"，设置为"对象中心"，如图 3-2-18 所示。

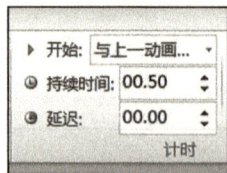

图 3-2-17　设置"持续时间"

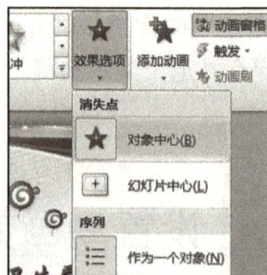

图 3-2-18　设置"效果选项"

　　**步骤 4**　将第二张幻灯片的目录内容，设置为"向内溶解"、"上一动画之后"、"持续时间"为 2 秒的动画。

　　**步骤 5**　将第三张幻灯片的文本动画设置为"轮子"、效果选项为"8 轮幅图案"、"上一动画之后"、"持续时间"为 2 秒。

　　**步骤 6**　其余幻灯片的动画设置，按照上述步骤操作完成。

# 任务 4 幻灯片的切换

## 【任务实施】

**步骤1** 选择第一张幻灯片,单击"切换"选项卡,如图 3-2-19 所示。在"切换到此幻灯片"组中选择一种切换方式,这里选择"棋盘"。

图 3-2-19 "切换"选项卡

> **小技巧**
>
> 单击"其他"按钮,可以查看更多切换效果。

**步骤2** 单击"效果选项",设置切换方向为"自左侧",如图 3-2-20 所示。

**步骤3** 给第二张幻灯片添加"溶解"切换方式,"声音"为"风铃","换片方式"为"单击鼠标时"。

**步骤4** 其他幻灯片的切换效果设置与第一张、第二张幻灯片的切换效果设置方法相同,进行设置不同的效果。单击"全部应用"则所有幻灯片都会运用该种切换方式。

图 3-2-20 "效果选项"设置

**步骤5** 保存并退出演示文稿。

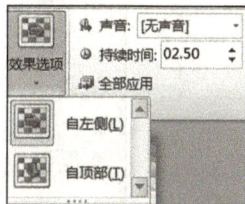

# 任务 5 设置超链接

## 【任务实施】

**步骤1** 在第二张幻灯片中选择要设置超链接的文本"项目背景"。在"插入"选项卡的"链接"组中,单击"超链接"按钮,或者在右击弹出快捷菜单中选择"超链接"命令,打开"插入超链接"对话框,如图 3-2-21 所示。

**步骤** 2　在打开的对话框右侧选择"本文档中的位置",在"请选择文档中的位置"选择链接的位置第三张幻灯片,单击"确定"按钮完成超链接的设置,如图 3-2-22 所示。

**步骤** 3　以此类推,将"项目概述"链接到第四张幻灯片,"功能介绍"链接到第五张幻灯片。

**步骤** 4　保存并退出演示文稿。

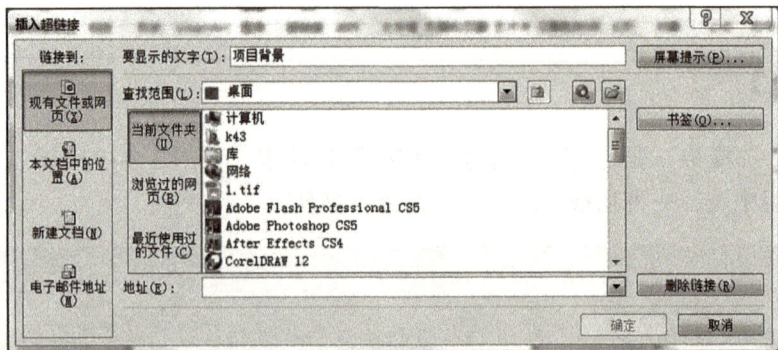

图 3-2-21　"插入超链接"对话框

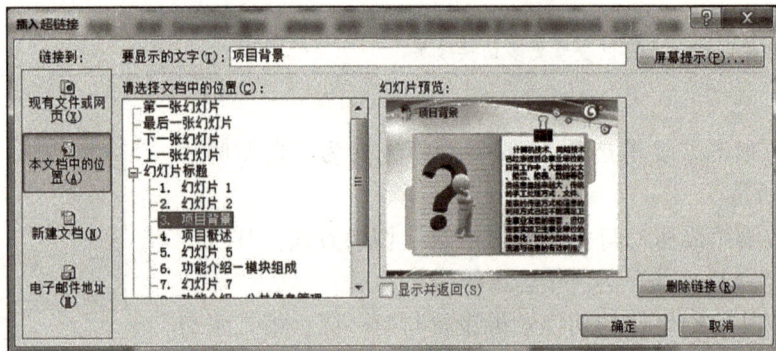

图 3-2-22　设置超链接

【知识链接】

## 一、PowerPoint 2010 动画设置

### 1. 动画种类

PowerPoint 2010 中有以下四种不同类型的动画效果。

"进入"效果。例如,可以使对象逐渐淡入焦点、从边缘飞入幻灯片或者跳入视图中。

"退出"效果。这些效果包括使对象飞出幻灯片、从视图中消失或者从幻灯片旋出。

"强调"效果。这些效果的示例包括使对象缩小或放大、更改颜色或沿着其中心旋转。

"动作路径"效果。使用这些效果可以使对象上下移动、左右移动或者沿着星形或圆形图案移动（与其他效果一起）。

可以单独使用任何一种动画，也可以将多种效果组合在一起。例如，可以对一行文本应用"飞入"进入效果及"放大/缩小"强调效果，使它在从左侧飞入的同时逐渐放大。

**2．对单个对象应用多个动画效果**

选择要添加多个动画效果的文本或对象，在"动画"选项卡上的"高级动画"组中，单击"添加动画"。

**3．动画效果设置**

单击"效果选项"按钮，可以对动画的方向、序列进行设置。

**4．开始时间设置**

"开始"文本框，默认值为"单击时"。单击"开始"下拉按钮，则会出现"与上一动画同时"和"上一动画之后"的选择，如图 3-2-23 所示。

**5．动画速度设置**

调整"持续时间"，可以改变动画出现的快慢。

**6．延迟时间设置**

调整"延迟时间"，可以让动画在"延迟时间"设置的时间到达后才开始出现。

图 3-2-23 "开始"下拉按钮

**7．调整动画顺序**

在"动画"任务窗格中选择要重新排序的动画，在"动画"选项卡"计时"组中，选择"对动画重新排序"下的"向前移动"或者"向后移动"，即可改变动画播放顺序。

## 二、设置幻灯片切换效果

**1．给幻灯片添加切换效果**

选择要添加切换效果的幻灯片，在"切换"选项卡的"切换到此幻灯片"组中，单击要应用于该幻灯片的切换效果，并根据需要设置其"声音"、"持续时间"、"换片方式"等选项。单击"全部应用"，则整个演示文稿都会应用所选的切换方式。

**2．更改或删除幻灯片的切换效果**

选择要更改或删除切换效果的幻灯片，在"切换"选项卡的"切换到此幻灯片"组中，重新选择一种新的切换效果即可以更改切换；在"切换"选项卡的"切换到此幻灯片"组中，单击"无"，则可以删除该幻灯片的切换效果。

## 三、设置超链接

在 PowerPoint 中，超链接可以是从一张幻灯片到同一演示文稿中另一张幻灯片的连接，也可以是从一张幻灯片到不同演示文稿中另一张幻灯片、到电子邮件地址、网页或文件的连接。

可以给文本或对象（如图片、图形、形状或艺术字）创建超链接。

**1．创建超链接**

（1）在"普通"视图中，选择要用作超链接的文本或对象。

（2）在"插入"选项卡的"链接"组中，单击"超链接"，打开"插入超链接"对话框。

（3）在"链接到"下，选择要链接的位置即可。

"现有文件或网页"：在"查找范围"，找到包含要链接到的幻灯片的演示文稿，单击"书签"，然后单击要链接到的幻灯片的标题。

"本文档中的位置"：在"请选择文档中的位置"下，单击要用作超链接目标的幻灯片。

"新建文档"：在"新建文档名称"框中，键入要创建并链接到的文件的名称。

"电子邮件地址"：在"电子邮件地址"文本框中，键入要链接到的电子邮件地址，或在"最近用过的电子邮件地址"框中，单击电子邮件地址，在"主题"文本框中，键入电子邮件的主题。

**2．删除超链接**

（1）选择要删除其超链接的文本或对象。

（2）在"插入"选项卡的"链接"组中，单击"超链接"，然后在"编辑超链接"对话框中单击"删除链接"。

## 项目总结

本项目通过制作 OA 系统，介绍了 PowerPoint 2010 演示文稿的主题、母版的设置；动画和切换的使用以及超链接的设置等。

## 项目评价

### 项目评价表

| 项目名称 | | | | |
|---|---|---|---|---|
| 项目人员 | | | | |
| 评价项目 | 评价内容 | 学生自评 | 小组互评 | 教师评价 |
| 知识 | 熟悉PowerPoint 2010的主题、母版的设置 | | | |
| | 掌握演示文稿创建动画以及设置动画效果的方法 | | | |
| | 掌握幻灯片切换的运用 | | | |
| | 掌握演示文稿设置超链接的方法 | | | |

续表

| 评价项目 | 评价内容 | 学生自评 | 小组互评 | 教师评价 |
|---|---|---|---|---|
| 技能 | 能熟练运用主题、母版修饰演示文稿 | | | |
| | 能熟练制作幻灯片动画及切换设置 | | | |
| | 能设置超链接，完成交互性 | | | |
| 情感态度 | 能自主学习，探究项目解决方法 | | | |
| | 能运用本项目知识解决实际问题 | | | |
| | 能与同学合作交流，分享学习成果 | | | |
| 总评 | | | | |

备注：学生自评、小组互评、教师评价的评价标准：A. 优秀　B. 良好　C. 及格　D. 不及格
　　总评指教师对学生小组成员整体的评价，或是教学反思，采用评语方式。

———————— 拓展练习 ————————

**练习　制作主题为"广西土特产"的宣传片**

制作一个"广西土特产"主题的宣传片。要求：

（1）第一张为"标题幻灯片"版式，标题为艺术字"广西土特产"，标题下插入几张图片；第二至第六张为"标题和内容"版式，输入各特产介绍，插入相应图片，内容可以上网查找。

（2）给各张幻灯片添加切换效果。

（3）给各张幻灯片添加合适的动画。

效果参考图如图 3-2-24 所示。

步骤提示：

（1）新建演示文稿"广西土特产 .ppt"。

（2）输入文字内容，插入图片。

（3）添加幻灯片的动画效果。

（4）添加幻灯片的切换效果。

（5）保存并退出。

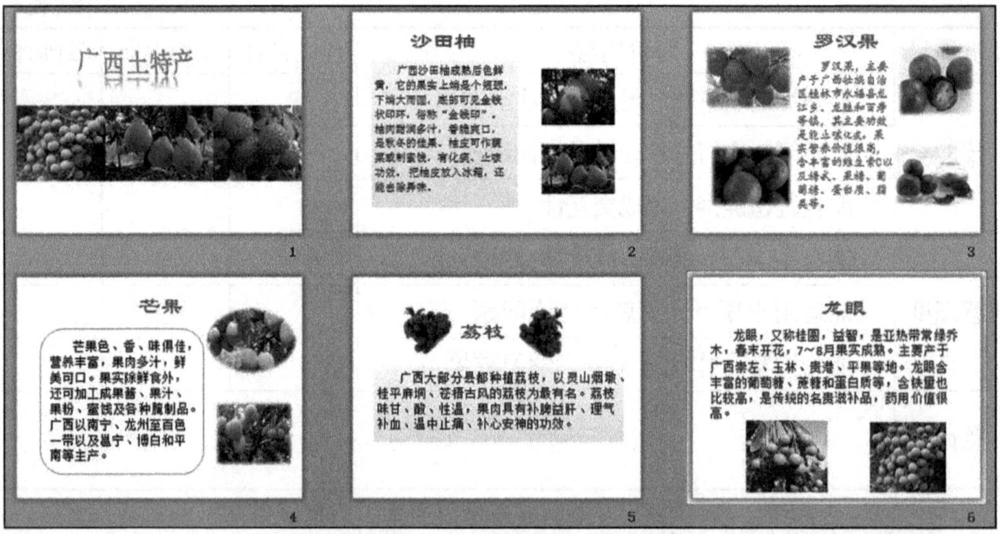
广西土特产
1
沙田柚
广西沙田柚成熟后色鲜黄，它的果实上端是个短颈，下端大而圆，底部可见金钱状印环，俗称“金钱印”，柚肉甜润多汁，香脆爽口，是秋冬的佳果。柚皮可作蜜果或制蜜饯，有化痰、止咳功效，把柚皮放入冰箱，还能去除异味。
2
罗汉果
罗汉果，主要产于广西壮族自治区桂林市永福县龙江乡、龙胜和百寿等镇，其主要功效是能止咳化痰。果实营养价值很高，含丰富的维生素C以及糖甙、果糖、葡萄糖、蛋白质、脂类等。
3
芒果
芒果色、香、味俱佳，营养丰富，果肉多汁，鲜美可口。果实除鲜食外，还可加工成果酱、果汁、果粉、蜜饯及各种腌制品。广西以南宁、龙州至百色一带以及邕宁、博白和平南等主产。
4
荔枝
广西大部分县都种植荔枝，以灵山烟墩、桂平麻垌、苍梧古风的荔枝为最有名。荔枝味甘、酸、性温，果肉具有补脾益肝、理气补血、温中止痛、补心安神的功效。
5
龙眼
龙眼，又称桂圆，益智，是亚热带常绿乔木，春末开花，7～8月果实成熟。主要产于广西崇左、玉林、贵港、平果等地。龙眼含丰富的葡萄糖、蔗糖和蛋白质等，含铁量也比较高，是传统的名贵滋补品，药用价值很高。
6

图 3-2-24　效果参考图

# 制作设计方案展示①

**学习目标** ☞ | **知识目标**
- 掌握幻灯片放映方式的设置。
- 掌握幻灯片的打包方法。

**技能目标**
- 能根据需要设置幻灯片的放映方式。
- 能对幻灯片进行打包处理。

**情感目标**
- 培养学生灵活运用的能力。
- 培养学生团结合作,与人沟通的能力。

**项目描述** ☞  当为客户制作好装修设计方案时,为了展示其设计理念,装修效果,用 PPT 展示是最好的选择,不仅能提高档次,还可以提高办公效率。

**项目分析** ☞
(1) 创建演示文稿。
(2) 设置幻灯片放映方式。
(3) 打印幻灯片。
(4) 将演示文稿打包。

**效果展示** ☞  项目完成效果见图 3-3-1。

---

① 本演示文稿引用梁婉容提供的室内设计方案。

图 3-3-1　设计方案展示样图

项目资源所在位置：\办公软件项目教程\项目 3-3。

# 任务 1 设置幻灯片的放映方式

## 【任务实施】

步骤1　制作演示文稿。效果如图3-3-1所示。

步骤2　设置放映方式。在"幻灯片放映"选项卡的"设置"组中，单击"设置幻灯片放映"按钮，打开"设置放映方式"对话框，如图3-3-2所示。选择放映类型为"演讲者放映"，"绘图笔颜色"为红色，单击"确定"按钮。

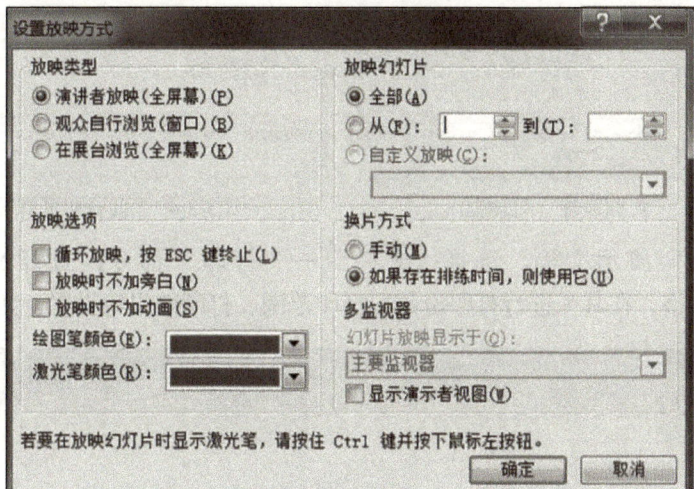

图 3-3-2　"设置放映方式"对话框

步骤3　在"幻灯片放映"选项卡的"开始放映幻灯片"组中，单击"从头开始"按钮，可以从第一张幻灯片开始放映；单击"从当前幻灯片开始"，则从当前选中的幻灯片开始播放。

# 任务 2 演示文稿的打印

## 【任务实施】

步骤1　设置演示文稿的页面。在"设计"选项卡的"页面设置"组中，单击"页面设置"，打开"页面设置"对话框，如图 3-3-3 所示。在"幻灯片大小"下拉列表中选择一种纸型；在"幻灯片编号起始值"文本框中输入或选择从第几页开始打印幻灯片文件；在"方向"区域设置"幻灯片"和"备注、讲义和大纲"的打印方向。

步骤 2　设置页眉和页脚。在"插入"选项卡的"文本"组中，单击"页眉和页脚"按钮，打开"页眉和页脚"对话框，如图 3-3-4 所示。选择"日期和时间"复选框，可以设置要显示的日期和时间为固定、自动更新方式；选择"幻灯片编号"复选框，则系统会按幻灯片顺序对幻灯片进行编号；选择"页脚"复选框，在文本框中输入要在页脚显示的内容；选择"标题幻灯片中不显示"复选框，则以上设置对标题幻灯片无效。

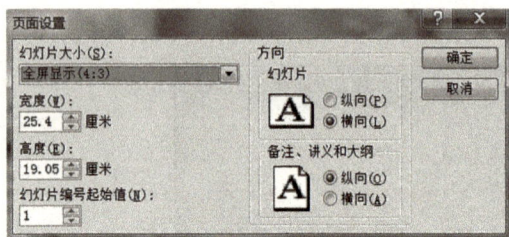

图 3-3-3　"页面设置"对话框

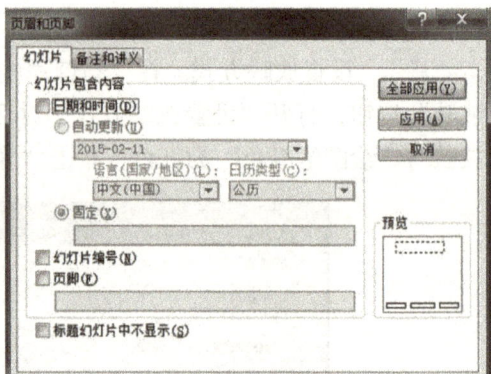

图 3-3-4　"页眉和页脚"对话框

步骤 3　打印演示文稿。选择"文件"—"打印"命令，打开 Microsoft Office Backstage 视图窗格，在其中进行打印份数、打印范围、打印效果等设置，如图 3-3-5 所示。

图 3-3-5　打印设置

## 任务 3 演示文稿的打包

【任务实施】

步骤 1 演示文稿打包。单击"文件"—"保存并发送"—"将演示文稿打包成 CD"命令，在展开的菜单中选择"打包成 CD"，如图 3-3-6 所示。

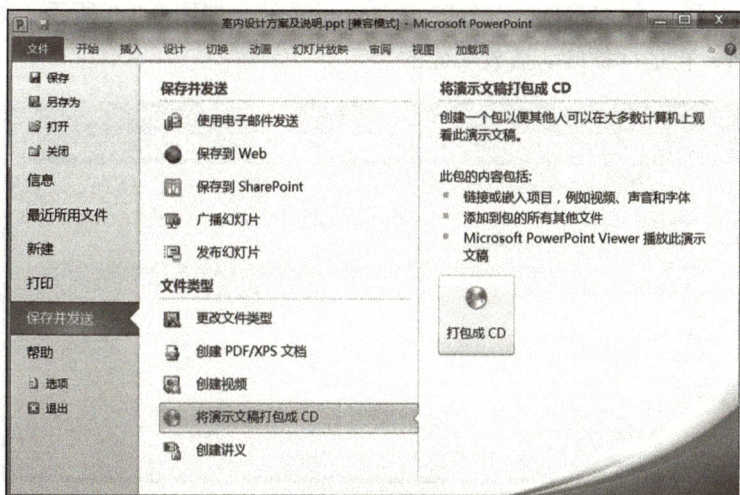

图 3-3-6 打包命令

步骤 2 在打开的"打包成 CD"对话框中输入 CD 名，如图 3-3-7 所示。选择要添加或删除的演示文稿，单击"复制到文件夹"按钮。

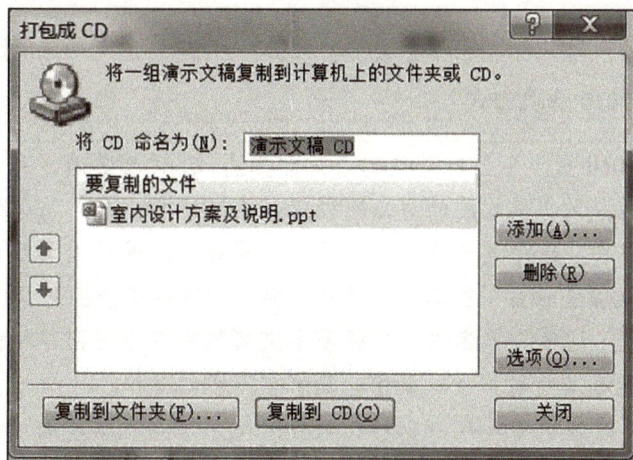

图 3-3-7 打包成 CD

**步骤3** 在打开的"复制到文件夹"对话框中，如图 3-3-8 所示，输入打包后的文件夹名称，保存的位置路径，单击"确定"按钮，开始打包。

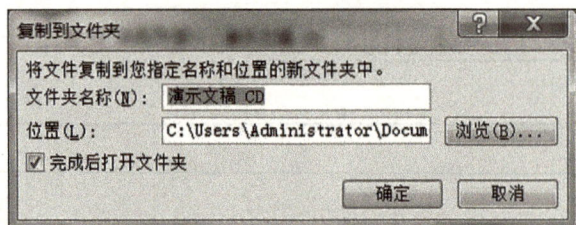

图 3-3-8 "复制到文件夹"对话框

**步骤4** 系统自动运行打包复制到文件夹程序，在完成之后自动打开打包好的 PPT 文件夹，其中看到一个 AUTORUN.INF 自动运行文件，如图 3-3-9 所示，如果是打包到 CD 光盘上的话，它是具备自动播放功能的。

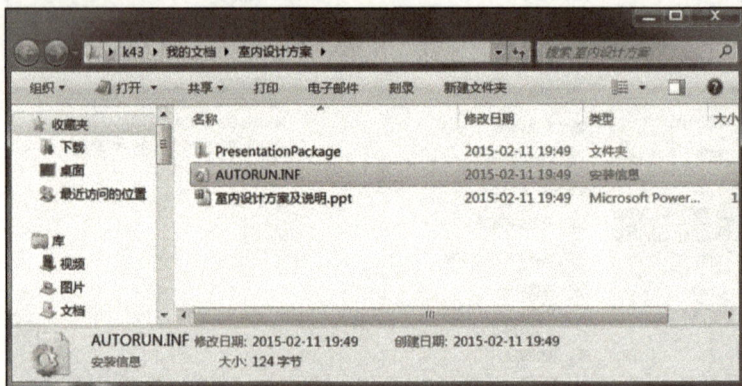

图 3-3-9 打包好的文件夹

打包好的文档，可以拿到没有 PPT 的计算机或者 PPT 版本不兼容的计算机上播放。

【知识链接】

**PowerPoint 2010 放映方式**

PowerPoint 2010 提供了三种放映幻灯片的方法：演讲者放映、观众自行浏览、在展台浏览。这三种放映方式各有特点，可以满足不同环境、不同观众对象的需要。

演讲者放映方式：选择该单选项可以采用全屏显示，通常用于演讲者亲自播放演示文稿。此种方式演讲者可以控制演示节奏，具有放映的完全控制权。

观众自行浏览：选择该单选项可以将演示文稿显示在小型窗口中内，并提供相应的操作命令，可以在放映时移动、编辑、复制和打印幻灯片。

在展台浏览：选择该单选项可以自行运行演示文稿，可以在展览会场或会议等需要运行无人管理的幻灯片放映时使用。

── 项目总结 ──

本项目是制作设计方案展示，主要介绍了 PowerPoint 2010 放映方式的设置及如何打包。通过设置幻灯片的播放，可以解决计算机上没有安装 PowerPoint 也能观看演示文稿的问题。

── 项目评价 ──

**项目评价表**

| 项目名称 | | 学生自评 | 小组互评 | 教师评价 |
|---|---|---|---|---|
| 项目人员 | | | | |
| 评价项目 | 评价内容 | 学生自评 | 小组互评 | 教师评价 |
| 知识 | 掌握PowerPoint 2010放映方式的设置方法 | | | |
| | 熟悉演示文稿的页面设置 | | | |
| | 掌握演示文稿的打包 | | | |
| 技能 | 能熟练设置演示文稿的放映方式 | | | |
| | 能设置演示文稿的页面设置 | | | |
| | 能独立完成演示文稿的打包 | | | |
| 情感态度 | 能自主学习，探究项目解决方法 | | | |
| | 能运用本项目知识解决实际问题 | | | |
| | 能与同学合作交流，分享学习成果 | | | |
| 总评 | | | | |

备注：学生自评、小组互评、教师评价的评价标准：A. 优秀 B. 良好 C. 及格 D. 不及格
总评指教师对学生小组成员整体的评价，或是教学反思，采用评语方式。

── 拓展练习 ──

**练习 制作职业生涯规划书演示文稿**

制作一个职业生涯规划书演示文稿，为其添加动画。

效果参考图如图 3-3-10 所示。

步骤提示：

（1）新建演示文稿"职业生涯规划书 .ppt"。

（2）输入文字内容，插入图片。

（3）添加幻灯片的动画效果。

（4）添加幻灯片的切换效果。

（5）保存并退出。

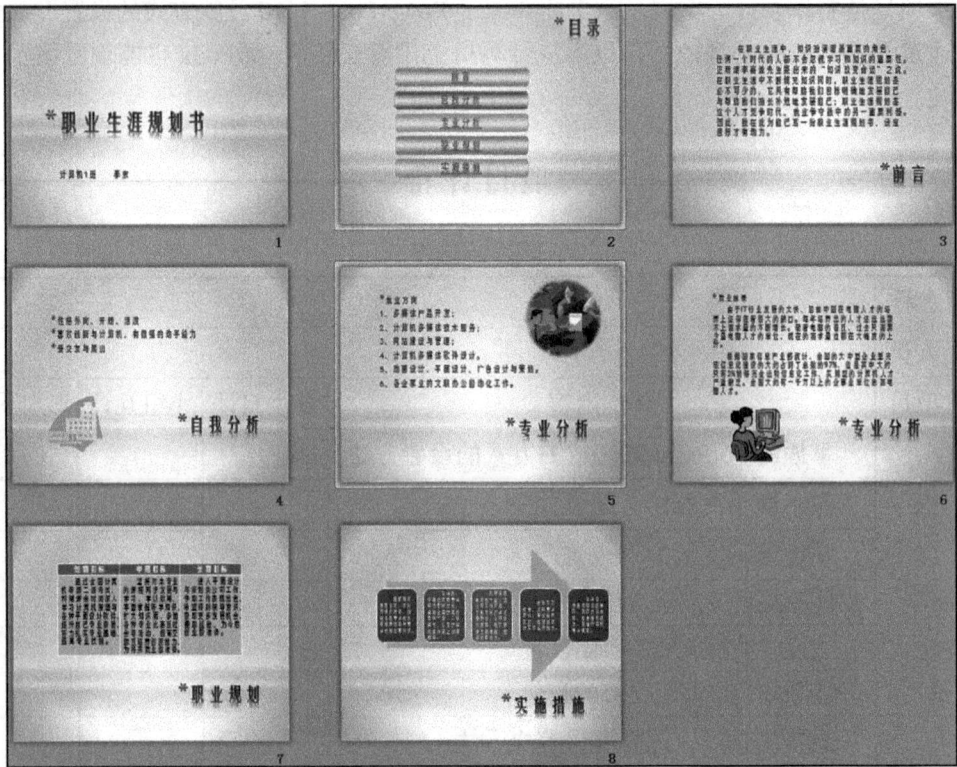

图 3-3-10　效果参考图

## 综合实训 1

【实训目的】

· 掌握演示文稿的创建和编辑方法。

· 掌握幻灯片文本的编辑和格式设置。

· 掌握幻灯片的插入、复制、移动和删除操作。

· 掌握幻灯片插入图片的方法。

· 掌握表格、图表的制作和编辑方法。

· 掌握幻灯片主题、母版的使用技巧。

· 掌握幻灯片动画的设置。

【实训学时】2 课时。

【实训环境要求】安装 Windows 7 系统，Office 2010 办公软件。

【实训内容及要求】

打开"办公软件项目教程\综合实训\PowerPoint 实训 1"文件夹，按要求完成操作。

1. 使用设计主题"气流"创建新的演示文稿，按下列要求完成操作后，以"我们的地球 .pptx"为文件名保存。

（1）在"标题"文本框中输入文本"我们的地球"，设置字体格式为华文隶书、96 磅、橙色；在"副标题"文本框中插入日期，选择格式为"2013-01-08"，设置自动更新。

（2）插入第二张幻灯片，选择"标题和内容"版式，输入标题"地球是生命的摇篮"；单击内容中"插入剪贴画"，插入一张"地球"图片，并调整图片大小。

（3）插入第三张幻灯片，版式为"标题和内容"，输入标题"地球是人类生存的家园"；内容中输入三行文本：爱护环境，保护地球，从我做起。文本的字体设置为楷体、42 磅；项目符号更改为◆。

（4）插入第四张幻灯片，版式为"标题和内容"，输入标题"地球有多大？"；单击内容占位符中"插入表格"按钮，插入一个三行二列的表格，表格内容如图 3-Z1 所示，文本设置为宋体、28 磅。

| 地球的极直径 | 12712156 米 |
|---|---|
| 赤道直径 | 12756 千米 |
| 赤道周长 | 40076 千米 |

图 3-Z1　第四张幻灯片的表格

（5）插入第五张幻灯片，版式为"标题和内容"，输入标题"地球的厚被——大气层"；单击内容占位符中"插入图表"按钮，在打开的"插入图表"对话框中选择三维饼图，在相应的数据表中输入如图 3-Z2 所示的数据。

| | 氮气 | 氧气 | 氩气 | 其他气体 |
|---|---|---|---|---|
| 大气层 | 78.1 | 20.9 | 0.93 | 0.07 |

图 3-Z2　第五张幻灯片的数据表

（6）保存文件，效果如图 3-Z3 所示。

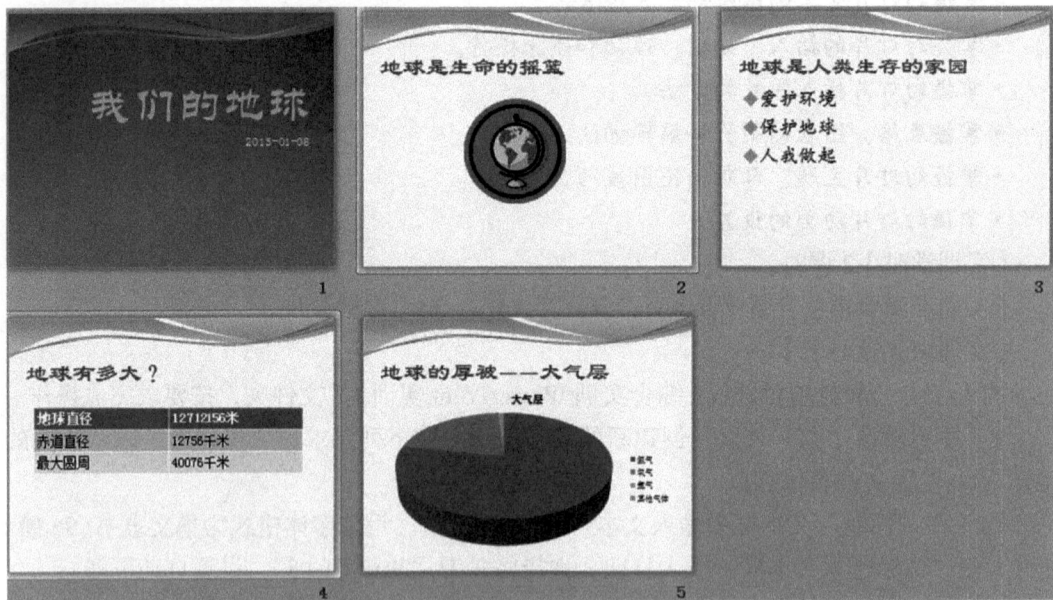

图 3-Z3　效果图

2. 打开演示文稿 wg1.pptx，按下列要求完成对此演示文稿的修饰并保存。

（1）在第一张幻灯片前插入一张版式为"标题幻灯片"的新幻灯片，主标题文字输入"全国 95% 以上乡镇开通宽带"，其字体为"黑体"，字号为 63 磅，加粗，颜色为蓝色（请用自定义标签的红色 0、绿色 0、蓝色 250）。副标题输入"村村通工程"，其字体为"仿宋"，字号为 35 磅。

（2）第二张幻灯片版式改为"两栏内容"，并将第三张幻灯片的图片移到第二张幻灯片的右侧区域。第二张幻灯片的文本动画设置为"进入"—"左右向中央收缩、劈裂"。

（3）用母版方式使所有幻灯片的右下角插入"通信"类中关键字包含"communications"的剪贴画。

（4）使用"沉稳"主题修饰全文。放映方式为"观众自行浏览（窗口）"。

综合实训 *2*

【实训目的】
- 掌握演示文稿的创建和编辑。
- 掌握幻灯片的文本编辑和文本格式设置。
- 掌握幻灯片的插入、复制、移动和删除。
- 掌握幻灯片插入 SmartArt 图及图片的方法。
- 掌握艺术字的格式设置。
- 掌握幻灯片主题、母版的使用技巧。
- 掌握幻灯片动画效果及切换效果的设置。

【实训学时】2 课时。

【实训环境要求】安装 Windows 7 系统，Office 2010 办公软件。

【实训内容及要求】

打开"办公软件项目教程 \ 综合实训 \PowerPoint 实训 2"文件夹，按要求完成操作。

1. 创建一个新的演示文稿，根据下列要求完成操作，以"自我介绍 .pptx"为文件名保存。

（1）第一张幻灯片的标题为"自我介绍"，字体为华文琥珀，字号为 60。

（2）第二张幻灯片的标题为"我的基本情况"；在文本占位符中输入相应内容，并设置字体为华文行楷，字号为 32，颜色为深蓝、文字 2、深色 25%。

（3）依照上面的方法，分别制作第三张幻灯片"我的爱好"和第四张幻灯片"我的家人"。

（4）设置全部幻灯片的背景为预设的"心如止水"，线性，右上到左下。

（5）在第三张幻灯片后插入一张版式为"标题和内容"的新幻灯片"我的班级"，插入组织结构图。

（6）将"我的家人"幻灯片的标题改为艺术字，样式为"填充—红色，强调文字颜色 2，粗糙棱台"，文字效果为"转换—陀螺形"。

（7）保存文件，参考效果如图 3-Z4 所示。

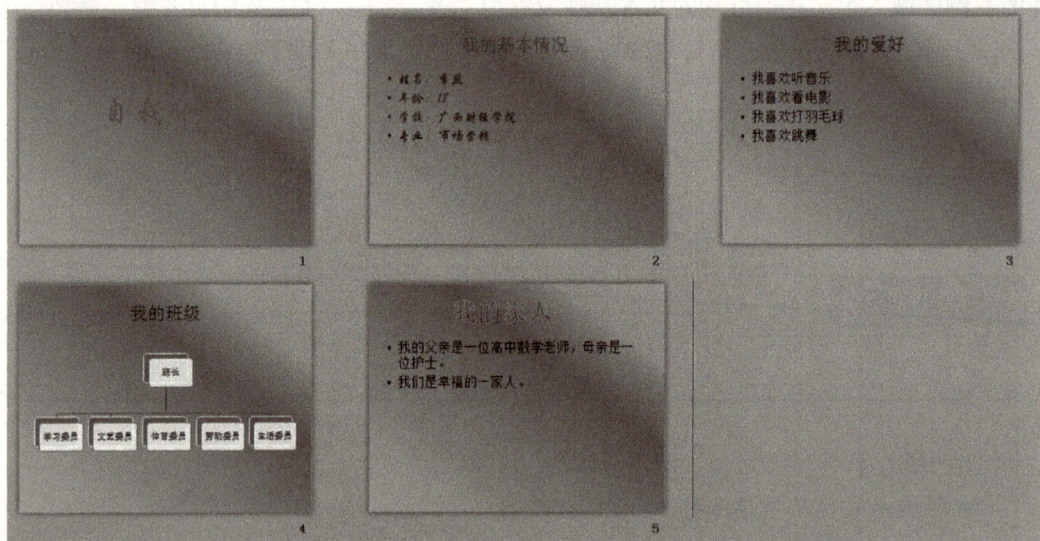

图 3-Z4　参考效果图

2. 打开演示文稿 wg2.pptx，按下列要求完成对此演示文稿的修饰并保存。

（1）使用"跋涉"主题修饰全文，全部幻灯片切换效果为"溶解"。

（2）第一张幻灯片的版式改为"两栏内容"，将第三张幻灯片中文本第一段移到第一张幻灯片的右侧文本部分，左侧内容区域插入有关地图的剪贴画。

（3）第三张幻灯片的版式改为"两栏内容"，文本设置字体为"楷体"，字号为19磅，颜色为红色（请用自定义标签的红色250、绿色0、蓝色0），将第二张幻灯片的图片移到第三张幻灯片右侧区域，图片动画设置为"进入"、"随机线条"、"水平"。

（4）第二张幻灯片中插入样式为"填充—白色，轮廓—强调文字颜色1"的艺术字"最活跃的十大科技公司"（位置为水平：3厘米，度量依据：左上角，垂直：5厘米，度量依据：左上角），且文字均居中对齐。艺术字文字效果为"转换—跟随路径—上弯弧"，艺术字宽度为18厘米。

# 综合实训 3

【实训目的】

· 掌握演示文稿的创建和编辑。
· 掌握幻灯片的文本编辑和文本格式设置。
· 掌握幻灯片的插入、复制、移动和删除。
· 掌握幻灯片插入图片的方法。

·掌握艺术字的格式设置。

·掌握幻灯片主题、母版的使用技巧。

·掌握幻灯片动画效果及切换效果的设置。

【实训学时】2课时。

【实训环境要求】安装 Windows 7 系统，Office 2010 办公软件。

【实训内容及要求】

打开"办公软件项目教程\综合实训\PowerPoint 实训 3"文件夹，按要求完成操作。

1. 打开演示文稿 wg3A.pptx，按下列要求完成对此演示文稿的修饰并保存。

（1）设置母版，使每张幻灯片的左下角出现文字"携带流感病毒动物"（在占位符中添加），这个文字所在的文本框的位置：水平：3厘米，度量依据：左上角，垂直：17.4厘米，度量依据：左上角，且文字设置为13磅字。

（2）第一张幻灯片前插入一张版式为"标题幻灯片"的新幻灯片，主标题输入："哪些动物将流感病毒传染给人？"，副标题区域输入："携带流感病毒的动物"，主标题设置为"楷体"，39磅字，黄色（请用自定义选项卡的红色240、绿色230、蓝色0）。

（3）第三张幻灯片的版式改为"内容与标题"，文本设置为19磅字，将第二张幻灯片左侧的图片移到第三张幻灯片的内容区域。

（4）将第四张幻灯片的版式改为"内容与标题"，文本设置为21磅字，将第二张幻灯片右侧的图片移到第四张幻灯片的内容区域。

（5）第三张幻灯片的图片动画设置为"进入"、"擦除"、"自底部"，文本动画设置为"进入"、"飞入"、"自左侧"。动画顺序为先文本后图片。

（6）删除第二张幻灯片。

（7）第四张幻灯片的版式改为"垂直排列标题与文本"，并使之成为第二张幻灯片。

（8）全部幻灯片切换效果为"立方体"、效果选项为"自左侧"。

2. 打开演示文稿 wg3.pptx，按下列要求完成对此演示文稿的修饰并保存。

（1）在第一张幻灯片中插入样式为"填充—无，轮廓—强调文字 2"的艺术字"京津城铁试运行"，位置为水平：6厘米，度量依据：左上角，垂直：7厘米，度量依据：左上角。

（2）第二张幻灯片的版式改为"两栏内容"，在右侧文本区输入"一等车厢票价不高于70元，二等车厢票价不高于60元。"，右侧文本设置为"楷体"、47磅。

（3）将第四张幻灯片的图片复制到第三张幻灯片的内容区域。

（4）在第三张幻灯片的标题文本"列车快速舒适"上设置超链接，链接对象是第二张幻灯片。

（5）在第三张幻灯片备注区插入文本"单击标题，可以循环放映。"。

（6）删除第四张幻灯片。

（7）在隐藏背景图形的情况下，第一张幻灯片的背景填充为"渐变填充"，"预设颜色"为"金乌坠地"，类型为"线性"，方向为"线性向下"。

（8）幻灯片放映方式改为"演讲者放映"。

综合实训 **4**

【实训目的】

· 掌握演示文稿的创建和编辑。

· 掌握幻灯片的文本编辑和文本格式设置。

· 掌握幻灯片的插入、复制、移动和删除。

· 掌握幻灯片插入图片的方法。

· 掌握艺术字的格式设置。

· 掌握幻灯片主题、母版的使用技巧。

· 掌握幻灯片动画效果及切换效果的设置。

【实训学时】2 课时。

【实训环境要求】安装 Windows 7 系统，Office 2010 办公软件。

【实训内容及要求】

打开"办公软件项目教程 \ 综合实训 \PowerPoint 实训 4"文件夹，按要求完成操作。

1. 打开演示文稿 wg4A.pptx，按下列要求完成对此演示文稿的修饰并保存。

（1）使用"茅草"主题修饰全文。

（2）全部幻灯片切换方案为"切出"，效果选项为"全黑"。

（3）放映方式为"观众自行浏览"。

（4）第五张幻灯片的标题为"软件项目管理"。

（5）在第一张幻灯片前插入版式为"比较"的新幻灯片，将第三张幻灯片的标题和图片分部移到第一张幻灯片左侧的小标题和内容区。同样，将第四张幻灯片的标题和图片分部移到第一张幻灯片右侧的小标题和内容区。两张图片的动画均设置为"进入"、"飞入"，效果选项为"自右侧"。

（6）删除第三和第四张幻灯片。

（7）第二张幻灯片前插入版式为"标题和内容"的新幻灯片，标题为"项目管理的主要任务与测量的实践"。内容区插入三行二列表格，第一列的二、三行内容依次为"任务"和"测试"，第一行第二列内容为"内容"，将第三张幻灯片内容区的文本移到表格的第二行第二列，将第四张幻灯片内容区的文本移到表格的第三行第二列。删除第三和第四张幻灯片，使第三张幻灯片成为第一张幻灯片。

2. 打开演示文稿 wg4.pptx，按下列要求完成对此演示文稿的修饰并保存。

（1）使用"穿越"主题修饰全文。

（2）全部幻灯片切换方案为"擦除"，效果选项为"自左侧"。

（3）在第一张幻灯片前插入一版式为"标题幻灯片"的新幻灯片，主标题输入"中国海军护航舰队抵达亚丁湾索马里海域"，并设置为"黑体"，41 磅，红色（请用自定义选项卡的红色250、绿色0、蓝色0），副标题输入"组织实施对 4 艘中国商船的首次护航"，并设置为"仿宋"，30 磅。

（4）第二张幻灯片的版式改为"两栏内容"，将图片移入右侧内容区，标题区输入"中国海军护航舰队确保被护航船只和人员安全"。图片动画设置为"进入"、"擦除"、"自底部"，文本动画设置为"进入"、"飞入"、"自底部"。动画顺序为先文本后图片。

（5）第三张幻灯片的版式改为"内容与标题"，将图片移入内容区，并将第二张幻灯片文本区前两段文本移到第三张幻灯片的文本区。

（6）设置母版，使每张幻灯片的左下角出现文本"中国海军"，这些文字所在的文本框的位置：水平：3.4 厘米，度量依据：左上角，垂直：17.4 厘米，度量依据：左上角，其字体为"宋体"，字号为 15 磅。

## 综合实训 5

【实训目的】
- 掌握演示文稿的创建和编辑。
- 掌握幻灯片的文本编辑和文本格式设置。
- 掌握幻灯片的插入、复制、移动和删除。
- 掌握幻灯片插入图片的方法。
- 掌握艺术字的格式设置。
- 掌握幻灯片主题、母版的使用技巧。
- 掌握幻灯片动画效果及切换效果的设置。

【实训学时】2 课时。

【实训环境要求】安装 Windows 7 系统，Office 2010 办公软件。

【实训内容及要求】

打开"办公软件项目教程\综合实训\PowerPoint 实训 5"文件夹，按要求完成操作并保存。

1. 打开演示文稿 wg5A.pptx，按下列要求完成对此演示文稿的修饰并保存。

（1）使用"暗香扑面"主题修饰全文。

（2）全部幻灯片切换方案为"百叶窗"，效果选项为"水平"。

（3）在第一张"标题幻灯片"中，主标题字体设置为"Times New Roman"、47 磅字；副标题字体设置为"Arial Black"、"加粗"、55 磅字。主标题文字颜色设置成蓝色（RGB 模式：

红色 0，绿色 0，蓝色 230）。副标题动画效果为"进入"、"飞入"，效果选项为"自左侧"，效果选项为文本"按字 / 词"。幻灯片的背景设置为"白色大理石"。

（4）第二张幻灯片的版式改为"两栏内容"，原有信号灯图片移入左侧内容区，将第四张幻灯片的图片移动到第二张幻灯片右侧内容区。

（5）删除第四张幻灯片。

（6）第三张幻灯片标题为"Open-loopControl"，47 磅字，然后移动它成为第二张幻灯片。

2. 打开演示文稿 wg5.pptx，按下列要求完成对此演示文稿的修饰并保存。

（1）使用"跋涉"主题修饰全文。

（2）设置放映方式为"观众自行浏览"。

（3）将第三张幻灯片移到第一张幻灯片前面，并将此张幻灯片的主标题"早晨喝开水"设置为"黑体"，61 磅，蓝色（请用自定义选项卡的红色 0、绿色 0、蓝色 245），副标题"5 大好处"设置为"隶书"，34 磅。

（4）在第一张幻灯片后插入一版式为"空白"的新幻灯片，插入四行二列的表格。第一列的第 1 ～ 4 行依次录入"好处"、"补充水分"、"防止便秘"和"冲刷肠胃"。第二列的第 1 行录入"原因"，将第三张幻灯片的文本第 1 ～ 3 段依次复制到表格第二列的第 2 ～ 4 行，表格文字全部设置为 24 磅字，第一行文字居中。表格样式为"中度样式 4- 强调 2"。请将表格框调进幻灯片内。

（5）将第三张幻灯片的版式改为"内容与标题"。

（6）将第四张幻灯片的图片动画设置为"进入"、"随机线条"、"水平"。

## 模拟试题一

**【单选题】**

1. 计算机之所以能按人们的意志自动进行工作，主要是因为采用了 _____。
   A. 二进制数制
   B. 高速电子元件
   C. 存储程序控制
   D. 程序设计语言

2. 1GB 等于 _____。
   A. $1000 \times 1000$ 字节
   B. $1000 \times 1000 \times 1000$ 字节
   C. $3 \times 1024$ 字节
   D. $1024 \times 1024 \times 1024$ 字节

3. Von Neumann（冯·诺依曼）型体系结构的计算机包含的五大部件是 _____。
   A. 输入设备、运算器、控制器、存储器、输出设备
   B. 输入/出设备、运算器、控制器、内/外存储器、电源设备
   C. 输入设备、中央处理器、只读存储器、随机存储器、输出设备
   D. 键盘、主机、显示器、磁盘机、打印机

4. 已知三个字符为 a、X 和 5，按它们的 ASCII 码值升序排序，结果是 _____。
   A. 5, a, X    B. a, 5, X    C. X, a, 5    D. 5, X, a

5. 在微机系统中，麦克风属于 _____。
   A. 输入设备    B. 输出设备    C. 放大设备    D. 播放设备

6. 为解决某一特定问题而设计的指令序列称为 _____。
   A. 文档    B. 语言    C. 程序    D. 系统

7. 根据汉字国标码 GB2312—80 的规定，将汉字分为常用汉字（一级）和次常用汉字（二级）两级汉字。一级常用汉字按 _____ 排列。
   A. 部首顺序
   B. 笔画多少
   C. 使用频率多少
   D. 汉语拼音字母顺序

8. 目前流行的 Pentium（奔腾）微机的字长是 _____ 位。

A. 8　　　　　B. 16　　　　　C. 32　　　　　D. 64

9. 能保存网页地址的文件夹是 _____。

A. 收件箱　　　B. 公文包　　　C. 我的文档　　　D. 收藏夹

10. 假设给定一个十进制整数 D，转换成对应的二进制整数 B，那么就这两个数字的位数而言，B 与 D 相比，_____。

A. B 的位数大于 D　　　　　　B. D 的位数大于 B

C. B 的位数大于等于 D　　　　D. D 的位数大于等于 B

11. 以下关于高级语言的描述中，正确的是 _____。

A. 高级语言诞生于 20 世纪 60 年代中期

B. 高级语言的"高级"是指所设计的程序非常高级

C. C++ 语言采用的是"编译"的方法

D. 高级语言可以直接被计算机执行

12. 任何进位计数制都有的两要素是 _____。

A. 整数和小数　　　　　　　　B. 定点数和浮点数

C. 数码的个数和进位基数　　　D. 阶码和尾码

13. CD-ROM 属于 _____。

A. 大容量可读可写外存储器　　B. 大容量只读外存储器

C. 直接受 CPU 控制的存储器　　D. 只读内存储器

14. 近年来计算机界常提到的"2000 年问题"指的是 _____。

A. 计算机将在 2000 年大发展问题

B. 计算机病毒将在 2000 年大泛滥问题

C. NC 和 PC 将在 2000 年平起平坐问题

D. 有关计算机处理日期问题

15. 计算机内部，一切信息的存取、处理和传送都是以 _____ 进行的。

A. 二进制　　　B. ASCII 码　　C. 十六进制　　　D. EBCDIC 码

16. 与传统媒体相比，多媒体的特点有 _____。

A. 数字化、结合性、交互性、分时性

B. 现代化、结合性、交互性、实时性

C. 数字化、集成性、交互性、实时性

D. 现代化、集成性、交互性、分时性

17. 1983 年，我国第一台亿次巨型电子计算机诞生了，它的名称是 _____。

A. 东方红　　　B. 神威　　　C. 曙光　　　　D. 银河

18. 常用的 3.5 英寸软盘角上有一个带黑滑块的小方口，当小方口被打开时，其作用是 _____。

A. 只能读不能写　　　　　　　B. 能读又能写

C. 禁止读也禁止写　　　　　　D. 能写但不能读

19. Internet 实现了分布在世界各地的各类网络的互联，其最基础和核心的协议是
_____。

A. HTTP　　　　　B. FTP　　　　　C. HTML　　　　　D. TCP/IP

20. 操作系统的主要功能是_____。

A. 对用户的数据文件进行管理，为用户提供管理文件方便

B. 对计算机的所有资源进行控制和管理，为用户使用计算机提供方便

C. 对源程序进行编译和运行

D. 对汇编语言程序进行翻译

## 【基本操作】

Windows 基本操作题，不限制操作的方式。

（1）将考生文件夹下 YUE 文件夹中 PPB 文件夹改名为 BAK。

（2）搜索考生文件夹下第三个字母是 C 的所有文本文件，将其移动到考生文件夹下
的 WEJ 文件夹中。

（3）为考生文件夹下 TABLE 文件夹建立名为 TT 的快捷方式，存放在考生文件夹下
的 YUE 文件夹中。

（4）将考生文件夹下 ZHA 文件夹设置成存档属性。

（5）将考生文件夹下 FUGUIYA 文件夹复制到考生文件夹下 YUE 文件夹中。

## 【字处理】

请在"答题"菜单下选择"字处理"命令，然后按照题目要求再打开相应的命令，
完成下面的内容，具体要求如下（注意：下面出现的所有文件都必须保存在考生文件下）：

一、在考生文件夹下打开文档 WDJX01A.DOCX，按照要求完成下列操作并以该文件
名（WDJX01A.DOCX）保存文档。

（1）将标题段文字（"搜狐荣登 Netvalue 五月测评榜首"）设置为小三号黑体字（其
中英文字体设置为"使用中文字体"）、红色、加单下划线、居中并添加文字蓝色底纹，字
符间距加宽 3 磅、并对文字添加绿色阴影边框，段后间距设置为 1 行。将正文各段中（"总
部设在欧洲的……该通知从 2001 年 7 月 1 日起执行。"）所有英文文字设置为 Bookman
Old Style 字体，中文字体设置为仿宋，所有文字及符号设置为小四号，常规字形，将文
中所有"最低生活保障标准"替换为"低保标准"。

（2）正文各段落左右各缩进 2 字符，首行缩进 1.5 字符，段前间距 1 行，行距为 2 倍
行距。将正文第二段（"Netvalue 的综合排名……名列第一。"）与第三段（"除此之外……
第一中文门户网站的地位。"）合并，将合并后的段落分为等宽的两栏，其栏宽设置成 18 字
符，栏间距 3.55 字符，栏间加分隔线。正文中"本报讯"和"又讯"二词设置为小五号黑体。

二、在考生文件夹下打开文档 WDJX01B.DOCX，按照要求完成下列操作并以该文件
名（WDJX01B.DOCX）保存文档。

（1）将文档中的 5 行文字转换成一个五行四列的表格，在表格最后一列的右边插入

一空列，输入列标题"总分"，在这一列下面的各单元格中计算其左边相应 3 个单元格中数据的总和。设置表格样式为"内置"中的"浅色底纹 - 强调文字颜色 3"。对表格第一行第一列单元格中的内容"考生号"添加"学号"下标。

（2）将表格设置为列宽 2.4 厘米，行高自动设置；表内文字和数据居中；再将表格内容按"外语"降序进行排序。以原文件名保存文档。

## 【电子表格】

请在"答题"菜单下选择"电子表格"命令，然后按照题目要求再打开相应的命令，完成下面的内容，具体要求如下：

（1）打开工作簿文件 EXA.XLSX，对工作表"'计算机动画技术'成绩单"内的数据清单的内容按主要关键字为"系别"的降序次序和次要关键字为"总成绩"的升序次序进行排序。

（2）对工作表"'计算机动画技术'成绩单"内的数据清单的内容进行分类汇总，分类字段为"系别"，汇总方式为"平均值"，汇总项为"考试成绩"，汇总结果显示在数据下方。

（3）打开工作簿文件 EXC.XLSX，对工作表"图书销售情况表"内数据清单的内容建立数据透视表，按行为"经销部门"，列为"图书类别"，数据为"数量（册）"求和布局，并置于现工作表的 H2:L7 单元格区域，工作表名不变，保存 EXC.XLSX 工作簿。

## 【演示文稿】

请在"答题"菜单下选择"演示文稿"命令，然后按照题目要求再打开相应的命令，完成下面的内容，具体要求如下：

打开考生文件夹下的演示文稿 wyks1.pptx，按下列要求完成对此文稿的修饰并保存。

（1）在演示文稿开始处插入一张版式为"标题幻灯片"的新幻灯片，作为演示文稿的第一张幻灯片，主标题键入"诺基亚 NOKIA"，中英文分为两行，设置：中文为楷体，加粗，60 磅，英文为 Tahoma，60 磅，全部为蓝色（注意：请用自定义标签中的红色 0，绿色 0，蓝色 255）。第二张幻灯片的背景填充为"渐变填充"，"预设颜色"为"心如止水"，类型为"线性"，方向为"线性对角 - 左上到右下"。

（2）在第三张幻灯片的剪贴画区域插入有关地图的剪贴画，不包括 Office.com 内容。

## 【浏览器】

打开 http://localhost/ChanPinJieShao/WY_2W.htm 页面浏览，在考生文件夹下新建文本文件"等级考试 .txt"，将页面中的全国计算机等级考试正文部分复制到"等级考试 .txt"中保存，并将页面中的图片保存到考生文件夹下，文件名为 Super.jpg，找到对全国计算机等级考试介绍文档的链接，下载保存到考生文件夹下，命名为"ProductIntro.doc"。

## 模拟试题二

【单选题】

1. 3.5 英寸双面高密盘片格式化后，每个磁道具有 _____ 个扇区。

A. 9 　　　　　　B. 12 　　　　　　C. 16 　　　　　　D. 18

2. 下列各进制的整数中，_____ 的值最小。

A. 十进制数 10 　　B. 八进制数 10 　　C. 十六进制数 10 　　D. 二进制数 10

3. 多媒体系统由主机硬件系统、多媒体数字化外部设备和 _____ 三部分组成。

A. 多媒体控制系统 　　　　　　　　　B. 多媒体管理系统

C. 多媒体软件 　　　　　　　　　　　D. 多媒体硬件

4. 微机中采用的标准 ASCII 编码用 _____ 位二进制数表示一个字符。

A. 6 　　　　　　B. 7 　　　　　　C. 8 　　　　　　D. 16

5. 在微机的硬件设备中，有一种设备在程序设计中既可以当成输出设备，又可以当成输入设备，这种设备是 _____。

A. 绘图仪 　　　B. 扫描仪 　　　C. 手写笔 　　　D. 磁盘驱动器

6. 下列两个二进制数进行算术运算，10000-101=_____。

A. 01011 　　　B. 1101 　　　C. 101 　　　D. 100

7. 下列各组设备中，全都属于输入设备的一组是 _____。

A. 键盘、磁盘和打印机 　　　　　　　B. 键盘、鼠标器和显示器

C. 键盘、扫描仪和鼠标器 　　　　　　D. 硬盘、打印机和键盘

8. 目前各部门广泛使用的人事档案管理、财务管理等软件，按计算机应用分类，应属于 _____。

A. 实时控制 　　　　　　　　　　　　B. 科学计算

C. 计算机辅助工程 　　　　　　　　　D. 数据处理

9. 已知汉字"家"的区位码是 2850，则其国标码是 _____。

A. 4870D 　　　B. 3C52H 　　　C. 9CB2H 　　　D. A8D0H

10. 下列各项中，_____ 不能作为 Internet 的 IP 地址。

A. 202.96.12.14 　　　　　　　　　　B. 202.196.72.140

C. 112.256.23.8 　　　　　　　　　　D. 201.124.38.79

11. 下列叙述中，正确的是 _____。

A. 所有计算机病毒只在可执行文件中传染

B. 计算机病毒通过读写软盘或 Internet 网络进行传播

C. 只要把带毒软盘片设置成只读状态，那么此盘片上的病毒就不会因读盘而传染给另一台计算机

D. 计算机病毒是由于软盘片表面不清洁而造成的

12. 微型计算机存储系统中，PROM 是 _____。

A. 可读写存储器 B. 动态随机存取存储器

C. 只读存储器 D. 可编程只读存储器

13. 为了避免混淆，十六进制数在书写时常在后面加上字母 _____。

A. H B. O C. D D. B

14. 用 GHz 来衡量计算机的性能，它指的是计算机的 _____。

A. CPU 时钟主频 B. 存储器容量

C. 字长 D. CPU 运算速度

15. 目前，打印质量最好的打印机是 _____。

A. 针式打印机 B. 点阵打印机

C. 喷墨打印机 D. 激光打印机

16. 以下属于高级语言的有 _____。

A. 机器语言 B. C 语言 C. 汇编语言 D. 以上都是

17. 下列关于因特网上收 / 发电子邮件优点的描述中，错误的是 _____。

A. 不受时间和地域的限制，只要能接入因特网，就能收发电子邮件

B. 方便、快速

C. 费用低廉

D. 收件人必须在原电子邮箱申请地接收电子邮件

18. 执行下列逻辑或运算 01010100 ∨ 10010011，其运算结果是 _____。

A. 00010000 B. 11010111 C. 11100111 D. 11000111

19. 为了提高软件开发效率，开发软件时应尽量采用 _____。

A. 汇编语言 B. 机器语言 C. 指令系统 D. 高级语言

20. 组成计算机指令的两部分是 _____。

A. 数据和字符 B. 操作码和地址码

C. 运算符和运算数 D. 运算符和运算结果

**【基本操作】**

Windows 基本操作题，不限制操作的方式。

（1）在考生文件夹下创建一个名为 KAR.TXT 的文件。

（2）将考生文件夹下 APP\MAP 文件夹隐藏属性撤销。

（3）搜索考生文件夹下的 BT.WPS 文件，然后将其移到考生文件夹下的 APP 文件夹中。

（4）删除考生文件夹下 STRU 文件夹中的 MEN.BAK 文件。

（5）为考生文件夹下 DESK\CUP 文件夹中的 CLOCK.EXE 文件建立名为 CLOCK 的快捷方式，存放在考生文件夹下。

**【字处理】**

请在"答题"菜单下选择"字处理"命令，然后按照题目要求再打开相应的命令，完成下面的内容，具体要求如下：

（1）打开考生文件夹下的 WDJX15A.DOCX，输入下列文字，其字体设置成黑体、字号设置成四号、字体格式设置成加粗，并存储为文件 WDJX15A.DOCX。

随着计算机的广泛应用，世界各地已采用电子数据交换作为国际经济和贸易往来之主要手段。

（2）打开考生文件夹下的 WDJX15C.DOCX，设置表格居中。B1:F1 单元格的字体设置成楷体，字号设置成四号，加粗，单元格内容（"星期一"、"星期二"、"星期三"、"星期四"、"星期五"）的文字方向更改为"纵向"，垂直对齐方式为"居中"。B3:F6 单元格对齐方式为"中部右对齐"。第二行单元格底纹为灰色（请用自定义标签中的红色 192，绿色 192，蓝色 192）。设置表格外框线为蓝色双窄线 1.5 磅、内框线为单实线 1.0 磅，第二行上、下边框线为 1.5 磅蓝色单实线，并在第一个单元格中添加一条红色 0.75 磅单实线对角线。设置表格所有单元格上、下边距各为 0.1 厘米，左、右边距均为 0.3 厘米。最后存储为文件 WDJX15C.DOCX。制作后的表格效果如下：

| | 星期一 | 星期二 | 星期三 | 星期四 | 星期五 |
|---|---|---|---|---|---|
| 课程 | | | | | |
| 第1节 | 语文 | 数学 | 数学 | 语文 | 数学 |
| 第2节 | 体育 | 外语 | 外语 | 历史 | 外语 |
| 第3节 | 化学 | 语文 | 生物 | 外语 | 物理 |
| 第4节 | 数学 | 生物 | 语文 | 数学 | 语文 |

（3）打开考生文件夹下的 WDJX15D.DOCX，制作一个六行五列表格，合并第 1、2 行第一列单元格；合并第一行第二、三、四列单元格；合并第六行第二、三、四列单元格，并将合并后的单元格均匀拆分为 2 列；并存储为文件 WDJX15D.DOCX。修改后的表格形式如下：

**【电子表格】**

请在"答题"菜单下选择"电子表格"命令，然后按照题目要求再打开相应的命令，完成下面的内容，具体要求如下：

（1）打开工作簿文件 Excel.xlsx，选取工作表"成绩统计表"的 A2:D10 数据区域，建立"簇状柱形图",系列产生在"列",在图表上方插入图表标题"成绩统计图",设置图表数据系列格式金牌图案内部为金色(RGB 值：红色 255，绿色 204，蓝色 0)，银牌图案内部为淡蓝(RGB 值：红色 153，绿色 204，蓝色 255)，铜牌图案内部为深绿色(RGB 值：红色 0，绿色 128，蓝色 0)，图例置于底部，设置图表绘图区格式为白色，将图插入表的 A12:G26 单元格区域内。

（2）选取"经济增长指数对比表"的 A2:L5 数据区域的内容建立"带数据标记的折线图"（系列产生在"行"），在图表上方插入图表标题"经济增长指数对比图"，设置主要横坐标轴标题为"月份"，标题位置在坐标轴下方，设置数值 Y 轴刻度最小值为 50，最大值为 210，主要刻度单位为 20，横坐标轴交叉于 50；将图插入表的 A8:L20 单元格区域内。

（3）选取"资助额比例表"，选择"单位"、"资助额"两列数据，建立一个分离型三维饼图的图表，嵌入在数据表格下方（存放在 A7:E17 的区域内）。在图表上方插入图表标题为"资助额比例图"，图例位置在底部，设置数据标签格式，标签选项为"百分比"、"标签中包括图例项标示"两项选项。

（4）选取"设备销售情况表"的"设备名称"和"销售额"两列的内容（总计行除外）建立"簇状棱锥图"，X 轴为设备名称，在图表上方插入图表标题为"设备销售情况图"，不显示图例，主要横网格线和主要纵网格线显示主要网格线，设置图的背景墙格式图案区域的渐变填充颜色类型是单色，颜色是深紫(RGB 值：红色 128，绿色 0，蓝色 128，将图插入工作表的 A9:E22 单元格区域内。

## 【演示文稿】

请在"答题"菜单下选择"演示文稿"命令，然后按照题目要求再打开相应的命令，完成下面的内容，具体要求如下（注意：下面出现的所有文件都必须保存在考生文件夹 [%USER%] 下）：

打开考生文件夹下的演示文稿 yswg.pptx，按照下列要求完成对此文稿的修饰并保存。

（1）对第一张幻灯片，主标题文字输入"美国布莱斯峡谷高原上石柱阵"，其字体为"黑体"，字号为 63 磅，加粗，颜色为蓝色（请用自定义标签的红色 0、绿色 0、蓝色 250）。副标题输入"大自然的奇迹"，其字体为"仿宋"，字号为 35 磅。第二张幻灯片版式改为"标题和内容"。第二张幻灯片的文本动画设置为"进入—劈裂、左右向中央收缩"。第一张幻灯片背景填充设置为"水滴"纹理。

（2）使用"奥斯汀"主题修饰全文，放映方式为"观众"。

## 【浏览器】

（1）接收来自朋友小明的邮件，将邮件中的附件"奔驰.jpg"保存在考生文件夹下，并回复该邮件，主题为："照片已收到"，正文内容为："收到邮件，照片已看到，祝好！"。

（2）打开 http://localhost/dengjikaoshi/dengji_dagang_4.htm 页面，找到"基本要求"的介绍，在考生文件夹下新建文本文件"基本要求.txt"，并将网页中的关于基本要求的介绍内容复制到文件"基本要求.txt"中，并保存。

# 参 考 文 献

成洁，奚军. 2013. 计算机应用基础［M］. 北京：高等教育出版社.

何克抗，周南岳. 2001. 计算机应用基础［M］. 北京：高等教育出版社.

李辉，臧炜. 2003. Word 2002案例教程［M］. 北京：海洋出版社.

汪磊. 2010. Office商务办公实用教程［M］. 北京：电子工业出版社.

韦忠坚，覃海波. 2007. 办公软件应用实例教程［M］. 北京：电子工业出版社.

赵志伟，葛琳. 2012. 计算机应用基础［M］. 天津：南开大学出版社.